普通高等教育"十二五"创新型规划教材·电工电子实验精品系列

# 数字电子技术实验教程

房国志　主　编
李敏君　林　春　副主编

哈尔滨工业大学出版社

# 内 容 简 介

　　本书是按照高等学校电子技术实验和课程设计的教学要求,结合作者多年的实践教学经验和研究成果编写而成。本书共4章,包括:绪论、基础实验、设计型实验和综合型实验。通过基础型、设计型和综合型三个层次的实验,培养学生运用所学知识解决实际问题的能力,掌握科学研究与工程实践的基本方法,旨在提高学生的实践和创新能力。

　　本书可作为普通高等学校电气、电子、通信和计算机等电类各专业电子技术实验和课程设计的教材或教学参考书,也可作为工程技术人员的参考用书。

**图书在版编目(CIP)数据**

数字电子技术实验教程/房国志主编. —哈尔滨:哈尔滨工业大学出版社,2013.7(2023.1 重印)

　ISBN 978-7-5603-4167-5

　Ⅰ.①数…　Ⅱ.①房…　Ⅲ.①数字电路-电子技术-实验-高等学校-教材　Ⅳ.①TN79-33

中国版本图书馆 CIP 数据核字(2013)第 161103 号

策划编辑　　王桂芝　　任莹莹
责任编辑　　范业婷
出版发行　　哈尔滨工业大学出版社
社　　址　　哈尔滨市南岗区复华四道街 10 号　　邮编 150006
传　　真　　0451-86414749
网　　址　　http://hitpress.hit.edu.cn
印　　刷　　哈尔滨市颉升高印刷有限公司
开　　本　　787mm×1092mm　1/16　印张 9.5　字数 229 千字
版　　次　　2013 年 7 月第 1 版　2023 年 1 月第 6 次印刷
书　　号　　ISBN 978-7-5603-4167-5
定　　价　　22.00 元

普通高等教育"十二五"创新型规划教材

电工电子实验精品系列

# 编 委 会

主 任　吴建强

顾 问　徐颖琪　梁 宏

编 委　（按姓氏笔画排序）

尹 明　付光杰　刘大力　苏晓东

李万臣　宋起超　果 莉　房国志

**序**

　　电工、电子技术课程具有理论与实践紧密结合的特点,是工科电类、非电类各专业必修的技术基础课程。电工、电子技术课程的实验教学在整个教学过程中占有非常重要的地位,对培养学生的科学思维方法、提高动手能力、实践创新能力及综合素质,有着其他教学环节不可替代的作用。

　　根据《国家中长期教育改革和发展规划纲要(2010～2020)》及《卓越工程师教育培养计划》"全面提高高等教育质量"、"提高人才培养质量"、"提升科学研究水平"、支持学生参与科学研究和强化实践教学环节的指导精神,我国各高校在实验教学改革和实验教学建设等方面也都面临着更大的挑战。如何激发学生的学习兴趣,通过实验、课程设计等多种实践形式夯实理论基础,提高学生对科学实验与研究的兴趣,引导学生积极参与工程实践及各类科技创新活动,已经成为目前各高校实验教学面临的必须加以解决的重要课题。

　　长期以来实验教材存在各自为政、各校为政的现象,实验教学核心内容不突出,一定程度上阻碍了实验教学水平的提升,对学生实践动手能力的培养提高存有一定的弊端。此次,黑龙江省各高校在省教育厅高等教育处的支持与指导下,为促进黑龙江省电工、电子技术实验教学及实验室管理水平的提高,成立了"黑龙江省高校电工电子实验教学研究会",在黑龙江省各高校实验教师间搭建了一个沟通交流的平台,共享实验教学成果及实验室资源。在研究会的精心策划下,根据国家对应用型人才培养的要求,结合黑龙江省各高校电工、电子技术实验教学的实际情况,组织编写了这套"普通高等教育'十二五'创新型规划教材·电工电子实验精品系列",包括《模拟电子技术实验教程》《数字电子技术实验教程》《电路原理实验教程》《电工学实验教程》《电工电子技术 Multisim 仿真实践》《电子工艺实训指导》《电子电路课程设计与实践》《大学生科技创新实践》。

　　该系列教材具有以下特色:

**1. 强调完整的实验知识体系**

　　系列教材从实验教学知识体系出发统筹规划实验教学内容,做到知识点全面覆盖,杜绝交叉重复。每个实验项目只针对实验内容,不涉及具体实验设备,体现了该系列教材的普适通用性。

**2. 突出层次化实践能力的培养**

　　系列教材根据学生认知规律,按必备实验技能—课程设计—科技创新,分层次、分类型统一规划,如《模拟电子技术实验教程》《数字电子技术实验教程》《电工学实验教程》《电路原理实验教程》,主要侧重使学生掌握基本实验技能,然后过渡到验证性、简单的综合设计性实验;而《电子电路课程设计与实践》和《大学生科技创新实践》,重点放在让学生循序渐进掌握比较复杂的较大型系统的设计方法,提高学生动手和参与科技创新的能力。

**3. 强调培养学生全面的工程意识和实践能力**

系列教材中《电工电子技术 Multisim 仿真实践》指导学生如何利用软件实现理论、仿真、实验相结合，加深学生对基础理论的理解，将设计前置，以提高设计水平；《电子工艺实训指导》中精选了 11 个符合高校实际课程需要的实训项目，使学生通过整机的装配与调试，进一步拓展其专业技能。并且系列教材中针对实验及工程中的常见问题和故障现象，给出了分析解决的思路、必要的提示及排除故障的常见方法，从而帮助学生树立全面的工程意识，提高分析问题、解决问题的实践能力。

**4. 共享网络资源，同步提高**

随着多媒体技术在实验教学中的广泛应用，实验教学知识也面临着资源共享的问题。该系列教材在编写过程中吸取了各校实验教学资源建设中的成果，同时拥有与之配套的网络共享资源，全方位满足各校实验教学的基本要求和提升需求，达到了资源共享、同步提高的目的。

该系列教材由黑龙江省十几所高校多年从事电工电子理论及实验教学的优秀教师共同编写，是他们长期积累的教学经验、教改成果的全面总结与展示。

我们深信：这套系列教材的出版，对于推动高等学校电工电子实验教学改革、提高学生实践动手及科研创新能力，必将起到重要作用。

**教育部高等学校电工电子基础课程教学指导委员会副主任委员**
**中国高等学校电工学研究会理事长**
**黑龙江省高校电工电子实验教学研究会理事长**
**哈尔滨工业大学电气工程及自动化学院教授**

**2013 年 7 月于哈尔滨**

# 前　言

　　《数字电子技术实验教程》是在黑龙江省教育厅高教处的统一立项和指导下,在黑龙江省电工电子实验教学研究会的统一组织下,总结黑龙江省各高校多年来的数字电子技术实践教学改革经验,跟踪电工电子技术发展新趋势,针对加强学生实践能力和创新能力培养的教学目标,结合以往电工电子系列实验讲义和参阅相关资料编写完成。

　　数字电子技术是理工类高等院校电类专业本科生重要的专业技术基础课,具有很强的实践性。本书根据教育部"十二五"规划纲要对高等教育"强化实践教学环节"的要求,针对普通高等学校电气、电子类和其他相近专业本科学生的具体情况,按照电子技术实验的教学要求,结合作者多年的实践教学改革成果和经验,编写的大众化本科生实验教材。主要特色有:

　　(1)实验内容循序渐进,由浅入深,由基本到综合。根据不同的教学目的和训练目标,按照基础型、设计型、综合型组织实验教学内容,三者有机结合,使实验具有一定的层次性和完备性。

　　(2)本书将基础实验与设计实验有机结合,同一个实验也是按由浅入深、由基本到综合。这样可针对不同教学对象选择实验教学内容,有利于因材施教,提高学生的动手能力并强化学生的实践技能。

　　(3)结合多年实验教学经验,针对实验中的常见问题和故障现象,给出了需要注意的事项及排除故障的常规方法。

　　参加本书编写的教师多年从事电子技术课程的教学改革与实践,具有丰富的电子技术课程的教学和实践经验。本书由房国志组织和统稿,并负责第1、2章的编写;第3章由林春编写;第4章由李敏君编写。

　　在此感谢所有支持和参与该书出版的单位和同志,在编写过程中参阅或引用了部分参考资料,我们对这些作者表示衷心的感谢。

　　由于编者水平所限,书中不妥和疏漏之处在所难免,恳请广大师生给予批评指正。

编　者

2013 年 5 月

# 目　录

# 第1章 绪 论

## 1.1 数字电路实验基本知识

### 1.1.1 实验须知

(1)数字电路的输出通常只有高电平"1"与低电平"0"两种取值,所以通常可以使用直观的显示器件——逻辑显示灯测试其结果,正逻辑下,显示灯亮为"1",不亮为"0"。因此测试过程简单、方便。

(2)万用表在测试输入输出传输特性时必须使用,其他情况如测试线路通断时使用万用表也比较方便。

(3)测试触发器及时序逻辑电路时输入的触发脉冲如果是单脉冲,需要注意其"抖动"会对电路结果产生影响。

(4)应养成良好的操作习惯,断电情况下接线,以防止损坏元器件。

(5)普通电路测试时通常使用标准的 5 V 电源即可。

(6)做复杂实验用到的器件、芯片较多,应注意所有芯片都要接电源及公用"地"。

(7)实验中应特别注意芯片多余输入端的处理。普通门电路等器件的输出端绝对不允许并联到一起。

(8)如果在实验中由于操作不当或其他原因而出现异常情况,如数码管显示不稳、闪烁、芯片发烫等,首先立即断电,然后报告老师。切忌忽视现象,继续实验。另外,不要将逻辑电平输出模块的输出直接接共阴极或共阳极数码管。

### 1.1.2 数字集成电路封装

中、小规模数字 IC 中最常用的是 TTL 电路和 CMOS 电路。TTL 器件型号以 74(或 54)作为前缀,称为 74/54 系列,如 74LS10、74F181、54S86 等。中、小规模 CMOS 数字集成电路主要是 4XXX/45XX(X 代表 0~9 的数字)系列,高速 CMOS 电路 HC(74HC 系列)和与 TTL 兼容的高速 CMOS 电路 HCT(74HCT 系列)。TTL 电路与 CMOS 电路各有优缺点:TTL 电路速度高;CMOS 电路功耗小、电源范围大和抗干扰能力强。由于 TTL 在世界范围内应用极广,在数字电路教学实验中主要使用 TTL74 系列器件。

数字 IC 器件有多种封装形式,为了便于教学,实验中所用的 74 系列器件封装选用双列直插式。双列直插式封装有以下特点:

(1)从正面(上面)看,器件一端有一个半圆的缺口,这是正方向的标志。缺口左边的引脚

号为1,引脚号按逆时针方向增加。双列直插式封装 IC 引脚数有 8、14、16、20、24、28 等若干种。

（2）双列直插器件有两列引脚,引脚之间的间距是 2.54 mm。两列引脚之间的距离能够稍作改变,引脚间距不能改变。将器件插入实验台上的插座中或者从插座中拔出时要小心,不要将器件引脚插弯或折断。

（3）74 系列器件一般右下角的引脚是 GND,左上角的引脚是 $U_{CC}$。例如,14 引脚器件引脚 7 是 GND,引脚 14 是 $U_{CC}$;20 引脚器件引脚 10 是 GND,引脚 20 是 $U_{CC}$。但也有一些例外,例如 16 引脚的双 $JK$ 触发器 74LS76,引脚 13（不是引脚 8）是 GND,引脚 5（不是引脚 16）是 $U_{CC}$。所以使用集成电路器件时要先看清楚它的引脚图,找对电源和地,避免因接线错误造成器件损坏。

实验箱上通常采用自锁紧插头、插孔（插座）。在连线时,首先把插头插进插孔中,然后将插头按顺时针方向轻轻一拧则锁紧。拔出插头时,首先按逆时针方向轻轻拧一下插头,使插头与插孔之间松开,然后将插头从插孔中拔出。不要使劲拔插头,以免损坏插头和连线。

必须注意,不能带电插、拔器件。插、拔器件只能在关断电源的情况下进行。

## 1.2 常用门电路和触发器使用规则

### 1.2.1 TTL 门电路的使用规则

（1）接插集成块时,要认清定位标记,不能插反。

（2）对电源要求比较严格,只允许在（5+10%）V 的范围内工作,电源极性不可接错。

（3）普通 TTL 与非门不能并联使用（集电极开路门与三态输出门电路除外）,否则不仅会使电路逻辑功能混乱,并会导致器件损坏。

（4）需正确处理闲置输入端。

闲置输入端处理方法:

①悬空相当于正逻辑"1",对于一般小规模集成电路的数据输入端,实验时允许悬空处理。但易受外界干扰,导致电路的逻辑功能不正常。

②对于接有长线的输入端,中规模以上的集成电路和使用集成电路较多的复杂电路,所有的控制输入端必须按逻辑要求接入电路,不允许悬空。

③直接接电源电压 $U_{CC}$（也可串入一只 1 ~ 10 kΩ 的固定电阻）或接至某一固定电压（2.4 V<$U$<4.5 V）的电源上,或与输入端为接地的多余与非门的输出端相接。

④若前级驱动能力允许,可以与使用的输入端并联。

（5）负载个数不能超过允许值。

（6）输出端不允许直接接地或直接接+5 V 电源,否则会损坏器件。有时为了使后级电路获得较高的输出电平,允许输出端通过电阻接至 $U_{CC}$,一般取电阻值为 3 ~ 5.1 kΩ。

### 1.2.2 CMOS 门电路的使用规则

（1）$U_{DD}$ 接电源正极,$U_{SS}$ 接电源负极（通常接地）,不得接反。CD4000 系列的电源允许电压在+3 ~ +18 V 范围内选择,实验中一般选用+5 ~ +15 V。

（2）所有输入端一律不准悬空。闲置输入端的处理方法：

①按照逻辑要求直接接 $U_{DD}$（与非门）或 $U_{SS}$（或非门）；

②在工作频率不高的电路中允许输入端并联使用。

（3）输出端不准直接与 $U_{DD}$ 或 $U_{SS}$ 相连，否则将导致器件损坏。

（4）在装接电路、改变电路连接或插拔器件时，均应切断电源，严禁带电操作。

（5）焊接、测试和存储时的注意事项：

①电路应存放在导电的容器内，有良好的静电屏蔽。

②焊接时必须切断电源，电烙铁外壳必须良好接地，或拔下烙铁靠余热焊接。

③所有的测试信号必须良好接地。

④若信号源与 CMOS 器件使用两组电源供电，应先开通 CMOS 电源，关机时，先关信号源再关 CMOS 电源。

### 1.2.3　触发器的使用规则

（1）通常根据数字系统的时序配合关系正确选用触发器，除特殊功能外，一般在同一系统中选择相同触发方式的同类型触发器较好。

（2）工作速度要求较高的情况下采用边沿触发方式的触发器较好，但速度越高越易受外界干扰。上升沿触发还是下降沿触发原则上没有优劣之分。如果是 TTL 电路的触发器，因为输出为"0"时的驱动能力远强于输出为"1"时的驱动能力，尤其是当集电极开路输出时上升边沿更差，为此选用下降沿触发更好些。

（3）触发器在使用前必须经过全面测试才能保证可靠性。使用时必须注意置"1"和复"0"脉冲的最小宽度及恢复时间。

（4）触发器翻转时的动态功耗远大于静态功耗，为此系统设计者应尽可能避免同一封装内的触发器同时翻转（尤其是高速电路）。

（5）CMOS 集成触发器与 TTL 集成触发器在逻辑功能、触发方式上基本相同，使用时不宜将这两种器件同时使用，因为 CMOS 内部电路结构及对触发时钟脉冲的要求与 TTL 存在较大的差别。

### 1.2.4　集成门电路的主要参数

集成门电路的主要参数有输出高电平 $U_{OH}$、输出低电平 $U_{OL}$、输入短路电流 $I_{is}$、扇出系数 $N_0$、电压传输特性和平均传输延迟时间 $t_{pd}$ 等，下面以 TTL 与非门为例介绍。

**1. 门电路的输出高电平 $U_{OH}$**

$U_{OH}$ 是与非门有一个或多个输入端接地或接低电平时的输出电压值，此时与非门工作管处于截止状态。空载时，$U_{OH}$ 的典型值为 3.4~3.6 V，接有拉电流负载时，$U_{OH}$ 下降。

**2. 门电路的输出低电平 $U_{OL}$**

$U_{OL}$ 是与非门所有输入端都接高电平时的输出电压值，此时与非门工作管处于饱和导通状态。空载时，它的典型值约为 0.2 V，接有灌电流负载时，$U_{OL}$ 将上升。

**3. 门电路的输入短路电流 $I_{is}$**

门电路的输入短路电流是指当被测输入端接地、其余端悬空、输出端空载时，由被测输入端输出的电流值。

**4. 门电路的扇出系数 $N_O$**

扇出系数 $N_O$ 是指输出端最多能带同类门的个数,它是衡量门电路负载能力的一个参数。TTL 集成与非门有两种不同性质的负载,即灌电流负载和拉电流负载。因此,它有两种扇出系数,即低电平扇出系数 $N_{OL}$ 和高电平扇出系数 $N_{OH}$。通常有 $I_{iH}<I_{iL}$,则 $N_{OH}>N_{OL}$,故常以 $N_{OL}$ 作为门的扇出系数。通常 $N_{OL}>8$。

**5. 门电路的电压传输特性**

门电路的输出电压 $U_o$ 随输入电压 $U_i$ 而变化的曲线 $U_o=f(U_i)$ 称为门电路的电压传输特性,通过它可读得门电路的一些重要参数,如输出高电平 $U_{OH}$、输出低电平 $U_{OL}$、关门电平 $U_{off}$、开门电平 $U_{ON}$ 等值。通常实验时可采用逐点测试法,即逐点测得 $U_i$ 及 $U_o$,然后绘成曲线。

**6. 门电路的平均传输延迟时间 $t_{pd}$**

$t_{pd}$ 是衡量门电路开关速度的参数,它意味着门电路在输入脉冲波形的作用下,其输出波形相对于输入波形延迟了多少时间。具体说,是指输出波形边沿的 $0.5U_m$ 至输入波形对应边沿 $0.5U_m$ 点的时间间隔。通常传输延迟时间很短,一般为 ns 数量级。

$t_{pdL}$ 为导通延迟时间,$t_{pdH}$ 为截止延迟时间,平均传输时间为

$$t_{pd}=\frac{t_{pdL}+t_{pdH}}{2}$$

由于门电路的延迟时间较小,直接测量时对信号发生器和示波器的性能要求较高,故实验采用测量由奇数个非门组成的环形振荡器的振荡周期 $T$ 来求得。其工作原理是:假设电路在接通电源后某一瞬间,电路中的 $A$ 点为逻辑"1",经过三级门的延时后,使 $A$ 点由原来的逻辑"1"变为逻辑"0";再经过三级门的延时后,$A$ 点重新回到逻辑"1"。电路的其他各点电平也随着变化。这说明要使 $A$ 点发生一个周期的振荡,必须经过 6 级门(两次循环)的延迟时间。因此平均传输延迟时间为 $t_{pd}=T/6$。TTL 电路的 $t_{pd}$ 一般在 10 ~ 40 ns 之间。

# 1.3　数字电路测试及故障查找、排除

设计好一个数字电路后,要对其进行测试,以验证设计是否正确。测试过程中,发现问题要分析原因,找出故障所在,并解决它。数字电路实验也应遵循这些原则。

## 1.3.1　数字电路测试

数字电路测试大体上分为静态测试和动态测试两部分。静态测试是指给定数字电路若干组静态输入值,测试数字电路的输出值是否正确。数字电路设计好后,在实验台上连接成一个完整的线路,把线路的输入接电平开关输出,线路的输出接电平指示灯,按功能表或状态表的要求,改变输入状态,观察输入和输出之间的关系是否符合设计要求。静态测试是检查设计是否正确、接线是否无误的重要一步。

在静态测试基础上,按设计要求在输入端加上动态脉冲信号,观察输出端波形是否符合设计要求,这是动态测试。有些数字电路只需进行静态测试即可,有些数字电路则必须进行动态测试,一般的说,时序电路应进行动态测试。

## 1.3.2　数字电路的故障查找和排除

在数字电路实验中,出现问题是难免的。重要的是分析问题,找出出现问题的原因,从而

解决它。一般来说,有四个方面的原因很可能产生问题(故障):器件故障、接线错误、设计错误和测试方法不准确。在查找故障过程中,首先要熟悉经常发生的典型故障。

**1. 器件故障**

器件故障是器件失效或器件接插问题引起的故障,表现为器件工作不正常。不言而喻,器件失效肯定会引起工作不正常,需要更换一个好器件。器件接插问题,如管脚折断或者器件的某个(或某些)引脚没插到插座中等,也会使器件工作不正常。对于器件接插错误有时不易发现,需仔细检查。判断器件失效的方法是用集成电路测试仪测试器件。需要指出的是,一般的集成电路测试仪只能检查器件的某些静态特性。对负载能力等静态特性和上升沿、下降沿、延迟时间等动态特性,一般的集成电路测试仪不能测试。测试器件的这些参数,需使用专门的集成电路测试仪。

**2. 接线错误**

接线错误是最常见的错误。据统计,在教学实验中,大约70%以上的故障是由接线错误引起的。常见的接线错误包括忘记接器件的电源和地;连接线和插孔接触不良;连线经多次使用后有可能外面的塑料包皮完好,但内部线断;连线多接、漏接、错接;连线过长、过乱造成干扰。接线错误造成的现象多种多样,例如器件的某个功能模块不工作或者工作不正常,器件不工作或发热,电路中一部分工作状态不稳定等。解决方法大致包括:熟悉所用器件的功能及其引脚号,掌握器件每个引脚的功能;器件的电源和地一定要接对、接好;检查连线和插孔是否接触良好;检查连线有无错接、多接、漏接;检查连线中有无断线。最重要的是接线前要画出接线图,按图接线,不要凭记忆随想随接;接线要规范、整齐,尽量走直线、短线,以免引起干扰。

**3. 设计错误**

设计错误自然会造成与预想的结果不一致。原因是没有吃透实验要求,或者是没有掌握所用器件的原理。因此实验前一定要理解实验要求,掌握实验线路原理,精心设计。初始设计完成后一般应对设计进行优化。最后画好逻辑图及接线图。

**4. 测试方法不正确**

如果不发生前面所述的三种错误,实验一般会成功。但有时测试方法不正确也会引起观测错误。例如,一个稳定的波形,如果用示波器观测,而示波器没有同步,则造成波形不稳的假象。因此要学会正确使用所用仪器、仪表。在数字电路实验中,尤其要学会正确使用示波器。在对数字电路测试过程中,由于测试仪器、仪表加到被测电路上后,对被测电路来说相当于接入了一个负载,因此测试过程中也有可能引起电路本身工作状态的改变,对于这点应当引起足够的注意。不过,在数字电路实验中,这种现象很少发生。

当实验中发现结果与预期不一致时,千万不要慌乱。应仔细观测现象,冷静思考问题所在。首先检查仪器、仪表的使用是否正确。在正确使用仪器、仪表的前提下,按逻辑图和接线图逐级查找问题出现在何处。通常从发现问题的地方,一级一级向前测试,直到找出故障的初始发生位置。在故障的初始位置处,首先检查连线是否正确。前面已说过,实验故障绝大部分是由接线错误引起的,因此检查一定要认真、仔细。确认接线无误后,检查器件引脚是否全部正确插入插座中,有无引脚折断、弯曲、错插问题。确认无上述问题后,取下器件测试,以检查器件好坏,或者直接换一个好器件。如果器件和接线都正确,则需要考虑设计问题。

## 1.4 常用 TTL 与 CMOS 功能相同芯片对照

| 74LS00 | CC4011 | 二输入端四与非门 |
| 74LS02 | CC4001 | 二输入端四或非门 |
| 74LS03 | | 二输入端四与非门（OC） |
| 74LS04 | CC4069 | 六反相器 |
| 74LS08 | CC4081 | 二输入端四与门 |
| 74LS10 | CC4023 | 三输入端三与非门 |
| 74LS20 | CC4012 | 四输入端二与非门 |
| 74LS32 | CC4071 | 二输入端四或门 |
| 74LS86 | CC4030 | 二输入端四异或门 |
| 74LS74 | CC4013 | 双 $D$ 触发器 |
| 74LS112 | CC4027 | 双 $JK$ 触发器 |
| 74LS151 | | 8 选 1 数据选择器 |
| 74LS192 | CC40192 | 同步十进制可逆计数器 |
| 74LS194 | CC40194 | 4 位双向通用移位寄存器 |
| 74LS85 | | 4 位幅度比较器 |
| 74LS125 | | 四总线缓冲门 |
| 74LS161 | | 同步 4 位二进制计数器 |
| CC4085 | | 双 2 路 2 输入与或非门 |
| CC40106 | | 六施密特触发器 |
| CC4528 | | 双可重触发单稳态触发器 |

# 第2章 基础型实验

## 2.1 实验一 TTL集成逻辑门的逻辑功能测试

### 2.1.1 实验目的

(1)熟悉数字电路实验装置的结构、基本功能和使用方法。

(2)掌握集成门电路器件的使用及逻辑功能测试方法。

(3)掌握用双踪示波器观察正弦信号波形和读取波形参数的方法。

### 2.1.2 实验预习要求

(1)阅读《模拟电子技术》教材中有关半导体分立器件的内容。

(2)复习基本门电路的功能及特性。

(3)查阅相关集成芯片的管脚分配和工作原理。

### 2.1.3 实验仪器与器件

(1)数字万用表:1块;

(2)数字实验箱:1个;

(3)74LS00:1片;

(4)74LS02:1片;

(5)74LS86:1片;

(6)连接导线:若干。

各集成芯片管脚分配如图2.1所示。

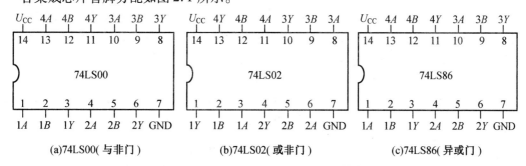

图2.1 74LS00、74LS02和74LS86的管脚图

### 2.1.4 实验原理

#### 1.集成逻辑门电路

集成逻辑门电路是最简单和最基本的数字集成元件。任何复杂的组合电路和时序电路都可用逻辑门通过适当的组合连接而成。基本逻辑运算有与、或、非运算,相应的基本逻辑门有与、或、非门及复合门电路(如与非门、或非门、与或非门、异或门等)。虽然大、中规模集成电路相继问世,但组成某系统时,仍少不了各种门电路。TTL 集成电路由于工作速度快、输出幅度较大、种类多和不易损坏等特点而广泛使用。

#### 2.摩根定理

$$\overline{A+B}=\bar{A}\cdot\bar{B}, \quad \overline{A\cdot B}=\bar{A}+\bar{B}$$

在简化逻辑函数或进行逻辑变换时,摩根定理是一个十分有用的定理。应用摩根定理可以实现只用与非门或只用或非门就能完成与、或、非和异或等逻辑运算。

由于在实际工作中大量使用与非门,因此对于一个表达式应用摩根定理,用两次求反的方法,就能较方便地实现两级与非门网络。例如,用与非门去实现 $F=AB+CD$ 的逻辑图,将逻辑函数转换为与非−与非式:$F=\overline{\overline{AB+CD}}=\overline{\overline{AB}\cdot\overline{CD}}$,根据此表达式就很容易画出用与非门表示的逻辑图,如图 2.2 所示。

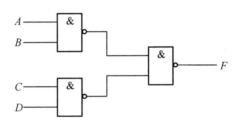

图 2.2  用与非门实现 $F=AB+CD$

### 2.1.5 实验内容

#### 1.与非门的逻辑功能测试

(1)静态测试。

图 2.3 为 2 输入与非门的逻辑图,将输入信号接逻辑电平开关,输出接逻辑电平显示发光二极管,检查电路后,开通实验仪的电源。按表 2.1 改变输入变量逻辑电平,分别测试相应的输出电平。将输出结果记入表 2.1 中。

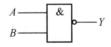

图 2.3  74LS00 与非门逻辑图

表 2.1　74LS00 与非门逻辑功能测试

| 输入电平 | | 输出电平 |
| --- | --- | --- |
| $A$ | $B$ | $Y$ |
| 0 | 0 | |
| 0 | 1 | |
| 1 | 0 | |
| 1 | 1 | |

（2）动态测试。

根据图 2.4 画出的逻辑接线图连接电路。检查电路后,接通电源。调节脉冲发生器输出 2 kHz 的脉冲信号,并作为输入接入电路 $A$ 端。示波器 CH1 接入电路 $A$ 端观察输入信号,CH2 接入电路 $Y$ 端观察输出波形。将电路 $B$ 端依次接入高电平"1"、悬空、低电平"0",同时分别观察和记录输入波形和输出波形 $Y_1$、$Y_2$、$Y_3$,记录于图 2.5 中。测试完毕,关闭实验仪、脉冲发生器和双踪示波器的电源。

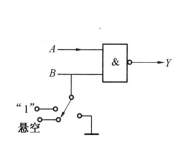

图 2.4　动态测试连接图

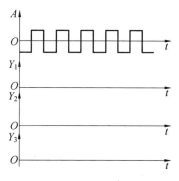

图 2.5　动态测试波形图

（3）电压传输特性测试。

测量原理图如图 2.6 所示,调节电位器 $R_w$,使门电路的输入电压 $u_i$ 从 0 逐渐增加到 5 V,同时用万用表测出若干组对应的输入电压 $u_i$ 和输出电压 $u_o$ 的值,填入表 2.2。

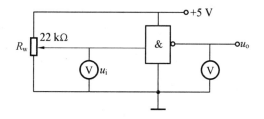

图 2.6　电压传输特性曲线测试电路

表 2.2　电压传输特性曲线测量值

| $u_i/V$ | 0.1 | 0.3 | 0.5 | 0.8 | 1.0 | 1.2 | 1.4 | 1.6 | 1.8 | 2.0 | 2.4 | 3.0 | 3.6 |
| --- | --- | --- | --- | --- | --- | --- | --- | --- | --- | --- | --- | --- | --- |
| $u_o/V$ | | | | | | | | | | | | | |

**2. 或非门的逻辑功能测试**

取 1 片 74LS02 插入 14 针 IC 插座,接好电源和地,输入端(引脚 3、引脚 2)接逻辑电平开关输出插口中任意两个,输出端(引脚 1)接逻辑电平显示发光二极管中任意一个。设置表 2.3 所列的输入变量,分别测试相应的输出电平,记入表 2.3 中。测试完毕,关闭实验仪的电源。

表 2.3 74LS02 或非门逻辑功能测试

| 输入电平 | | 输出电平 |
| --- | --- | --- |
| $A$ | $B$ | $Y$ |
| 0 | 0 | |
| 0 | 1 | |
| 1 | 0 | |
| 1 | 1 | |

**3. 测试异或门的逻辑功能**

取 1 片 74LS86 插入 14 针 IC 插座,$U_{CC}$ 接 5 V 电源,GND 接地,输入端(引脚 1、引脚 2)接逻辑电平开关输出插口中任意两个,输出端(引脚 3)接逻辑电平显示发光二极管中任意一个。检查电路后,接通电源。按表 2.4 所列的输入变量,分别测试相应的输出电平并将输出结果记入表 2.4 中。测试完毕,关闭实验仪的电源。

表 2.4 74LS86 异或门逻辑功能测试

| 输入电平 | | 输出电平 |
| --- | --- | --- |
| $A$ | $B$ | $Y$ |
| 0 | 0 | |
| 0 | 1 | |
| 1 | 0 | |
| 1 | 1 | |

**4. 逻辑门的转换**

根据摩根定理,分别将 $Y = \overline{A+B}$ 和 $X = A \oplus B$ 转换为二输入与非门格式的逻辑表达式。分别画出或非门和异或门的测试表格。根据化简的逻辑表达式分别画出逻辑接线图,分别连接电路(或非门和异或门分别进行)。检查电路后,接通实验仪的电源。根据自己画的测试表格分别测试输入、输出结果(或非门和异或门分别进行)。测试完毕,关闭实验仪的电源。

$$Y = \overline{A+B} = \overline{\overline{A}\ \overline{B}} = \overline{\overline{\overline{A}}\ \overline{\overline{B}}}$$

$$X = A \oplus B = \overline{A}B + A\ \overline{B} = \overline{\overline{\overline{A}\ B} \cdot \overline{A\ \overline{B}}}$$

## 2.1.6 实验注意事项

(1)注意芯片的电源与接地端不能接反,否则损坏器件。

(2)注意芯片的多余输入端的正确处理。

(3)注意所有电路应在断电情况下接线。

### 2.1.7 实验思考题

(1)TTL 与非门和与或非门器件有多余输入端应如何处理？

(2)如果一个与非门的输入端接入了连续脉冲,其余的输入端是什么逻辑状态时,允许脉冲通过？

(3)根据对 TTL 门电路的测试,了解和比较 CMOS 门电路的特点,说明 CMOS 门电路在使用中与 TTL 门电路的区别。

### 2.1.8 实验报告要求

(1)根据各实验内容要求,设计出相应逻辑电路图。

(2)根据所测数据,画出门电路的传输特性曲线。

# 2.2 实验二 CMOS 门电路测试及接口

### 2.2.1 实验目的

(1)掌握 CMOS 集成门电路的逻辑功能和主要参数的测试方法。

(2)掌握 CMOS 集成门电路器件的使用规则。

(3)掌握集成逻辑电路相互衔接规则与方法。

### 2.2.2 预习要求

(1)复习 CMOS 门电路的工作原理。

(2)熟悉实验用各集成门引脚功能。

(3)给出各实验测试电路与数据记录表格。

### 2.2.3 实验仪器与器件

(1)双踪示波器:1 台;

(2)数字万用表:1 块;

(3)数字实验箱:1 个;

(4)74HC00:1 片;

(5)74HC02:1 片;

(6)74HC86:1 片;

(7)电阻、电位器:若干。

74HC00、74HC02 和 74HC86 的管脚分配图和 TTL 系列相同,如图 2.7 所示。

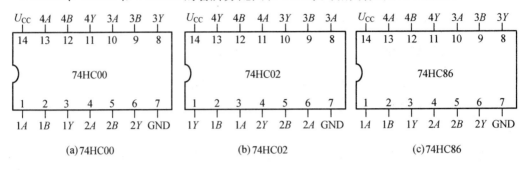

(a)74HC00　　　　　　　　(b)74HC02　　　　　　　　(c)74HC86

图 2.7　各芯片管脚分配图

### 2.2.4　实验原理

#### 1. CMOS 集成电路特点

CMOS 集成电路是将 N 沟道 MOS 晶体管和 P 沟道 MOS 晶体管同时用于一个集成电路中,成为组合两种沟道 MOS 管性能的更优良的集成电路。CMOS 集成电路的主要优点是:

(1)功耗低,其静态工作电流在 $10^{-9}$ A 数量级,是目前所有数字集成电路中最低的,而 TTL 器件的功耗则大得多。

(2)高输入阻抗,通常大于 $10^{10}$ Ω,远高于 TTL 器件的输入阻抗。

(3)接近理想的传输特性,输出高电平可达电源电压的 99.9% 以上,低电平可达电源电压的 0.1% 以下,因此输出逻辑电平的摆幅很大,噪声容限很高。

(4)电源电压范围广,可在+3 ~ +18 V 范围内正常运行。

(5)由于有很高的输入阻抗,要求驱动电流很小,约 0.1 μA,输出电流在+5 V 电源下约为 500 μA,远小于 TTL 电路,如以此电流来驱动同类门电路,其扇出系数将非常大。在一般低频率时,无需考虑扇出系数,但在高频时,后级门的输入电容将成为主要负载,使其扇出能力下降,所以在较高频率工作时,CMOS 电路的扇出系数一般取 10 ~ 20。

#### 2. CMOS 门电路逻辑功能

尽管 CMOS 与 TTL 电路内部结构不同,但它们的逻辑功能完全一样。本实验将测定与非门 74HC00,或非门 74HC02 和异或门 74HC86 的逻辑功能。各集成块的逻辑功能与真值表参阅教材及有关资料。

#### 3. CMOS 电路的使用规则

由于 CMOS 电路有很高的输入阻抗,这给使用者带来一定的麻烦,即外来的干扰信号很容易在一些悬空的输入端上感应出很高的电压,以至损坏器件。CMOS 电路的使用规则如下:

(1)$U_{DD}$ 接电源正极,$U_{SS}$ 接电源负极(通常接地),不得接反。

(2)所有输入端一律不准悬空。

#### 4. 闲置输入端的处理方法

(1)按照逻辑要求,直接接 $U_{DD}$(与非门)或 $U_{SS}$(或非门)。

（2）在工作频率不高的电路中,允许输入端并联使用。

（3）输出端不允许直接与 $U_{DD}$ 或 $U_{SS}$ 连接,否则将导致器件损坏。

（4）当装接电路、改变电路连接或插拔器件时,均应切断电源,严禁带电操作。

（5）焊接、测试和储存时的注意事项:

a. 电路应存放在导电的容器内,有良好的静电屏蔽;

b. 焊接时必须切断电源,电烙铁外壳必须良好接地,或拔下烙铁,靠其余热焊接;

c. 所有的测试仪器必须良好接地。

### 2.2.5　实验内容

**1. 测试四 2 输入与非门 74HC00 的逻辑功能**

（1）静态测试。

图 2.8 为 2 输入与非门的逻辑图,将输入信号接逻辑电平开关,输出接逻辑电平显示发光二极管,检查电路后,开通实验仪的电源。按表 2.5 改变输入变量逻辑电平,分别测试相应的输出电平,将输出结果记入表 2.5 中。

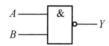

图 2.8　74LS00 与非门逻辑图

**表 2.5　74HC00 与非门逻辑功能测试**

| 输入电平 | | 输出电平 |
|---|---|---|
| $A$ | $B$ | $Y$ |
| 0 | 0 | |
| 0 | 1 | |
| 1 | 0 | |
| 1 | 1 | |

（2）电压传输特性测试。

测量原理图如图 2.9 所示,调节电位器 $R_w$,使门电路的输入电压 $u_i$ 从 0 逐渐增加到 10 V,同时用万用表测出若干组对应的输入电压 $u_i$ 和输出电压 $u_o$ 的值,填入表 2.6。

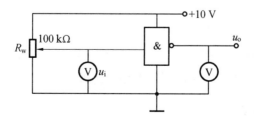

图 2.9　电压传输特性曲线测试电路

表2.6    电压传输特性曲线测量值

| $u_i$/V | 0.5 | 2.0 | 3.0 | 4.0 | 4.5 | 4.8 | 5.0 | 5.2 | 5.5 | 6.0 | 7.0 | 8.0 | 10 |
|---|---|---|---|---|---|---|---|---|---|---|---|---|---|
| $u_o$/V | | | | | | | | | | | | | |

**2. 测试四2输入或非门74HC02的逻辑功能**

实验方法可参照74LS02逻辑功能测试方法。自拟测试步骤,将测试结果记入表2.7。

表2.7    74HC02或非门逻辑功能测试

| 输入电平 | | 输出电平 |
|---|---|---|
| $A$ | $B$ | $Y$ |
| 0 | 0 | |
| 0 | 1 | |
| 1 | 0 | |
| 1 | 1 | |

**3. 测试四异或门74HC86的逻辑功能**

实验方法可参照74LS86逻辑功能测试方法。自拟测试步骤,将测试结果记入表2.8。

表2.8    74HC86异或门逻辑功能测试

| 输入电平 | | 输出电平 |
|---|---|---|
| $A$ | $B$ | $Y$ |
| 0 | 0 | |
| 0 | 1 | |
| 1 | 0 | |
| 1 | 1 | |

## 2.2.6    实验注意事项

(1)注意门电路的输出端不允许直接接电源或地,也不能并联到一起,否则损坏器件。

(2)注意CMOS门电路多余输入端的正确处理。

(3)当装接电路、改变电路连接或插拔器件时,均应切断电源,严禁带电操作。

## 2.2.7    实验思考题

(1)CMOS门电路的多余输入端如何处理?

(2)比较74LS00和74HC00的电压传输特性曲线并分析两者有何不同。

(3)CMOS门电路输入端的输入电阻对门电路有何影响?

## 2.2.8    实验报告要求

(1)根据各实验内容要求,设计出相应逻辑电路图。

(2)根据所测数据,画出门电路的传输特性曲线。

# 2.3 实验三 TTL 集电极开路门与三态门的应用

## 2.3.1 实验目的

(1)熟悉 OC 门、TSL 门的逻辑功能及测试方法。

(2)熟悉 OC 门、TSL 门的应用。

## 2.3.2 预习要求

(1)复习有关 TTL 集电极开路门和三态门的工作原理。

(2)查阅有关集成器件的功能及管脚图等。

(3)设计应用电路,制作测试表格。

## 2.3.3 实验仪器与器件

(1)双踪示波器:1 台;

(2)数字万用表:1 块;

(3)数字实验箱:1 个;

(4)TTL 四 2 输入与非 OC 门 74LS03:1 片;

(5)TTL 三态四总线缓冲器 74LS125:1 片;

(6)TTL 四 2 输入与非门 74LS00:1 片;

(7)电阻:若干。

## 2.3.4 实验原理

数字系统中有时需要把两个或两个以上集成逻辑门的输出端直接并接在一起使用。对于普通的 TTL 门电路,由于输出级采用了推拉式输出电路,无论输出是高电平还是低电平,输出阻抗都很低。因此,通常不允许将它们的输出端并接在一起使用。集电极开路门和三态输出门是两种特殊的 TTL 门电路,它们允许把输出端直接并接在一起使用。

### 1.TTL 集电极开路门(OC 门)

本实验所用 OC 与非门型号为 2 输入四与非门 74LS03,内部逻辑图及引脚排列如图 2.10 (a)、(b)所示。OC 与非门的输出管 $T_3$ 是悬空的,工作时,输出端必须通过一只外接电阻 $R_L$ 和电源 $E_c$ 相连接,以保证输出电平符合电路要求。

OC 门的应用主要有以下三个方面:

(1)利用电路的"线与"特性方便完成某些特定的逻辑功能。

如图 2.11 所示,将两个 OC 与非门输出端直接并接在一起,则它们的输出

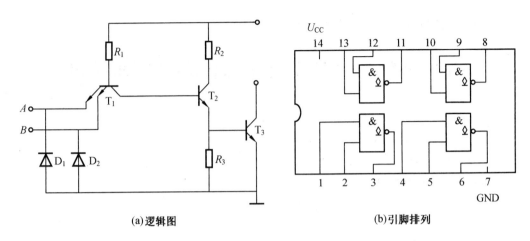

(a)逻辑图　　　　　　　　　　　(b)引脚排列

图 2.10　74LS03 内部结构及引脚排列

$$F = F_A F_B = \overline{A_1 A_2} \cdot \overline{B_1 B_2} = \overline{A_1 A_2 + B_1 B_2}$$

即把两个(或两个以上)OC 与非门"线与"可完成"与或非"的逻辑功能。

(2)实现多路信息采集,使两路以上的信息共用一个传输通道(总线)。

(3)实现逻辑电平转换,以推动荧光数码管、继电器、MOS 器件等多种数字集成电路。

OC 门输出并联运用时负载电阻 $R_L$ 的选择参考相关资料,参考图 2.12。

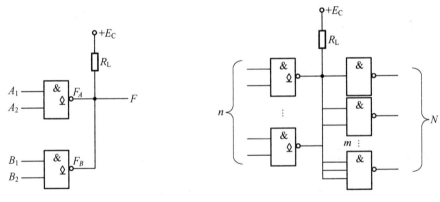

图 2.11　OC 与非门"线与"电路　　　　图 2.12　OC 与非门负载电阻 $R_L$ 的确定

**2. TTL 三态输出门(TS 门)**

TTL 三态输出门的输出端除了通常的高电平、低电平外(这两种状态均为低阻状态),还有第三种输出状态,即高阻状态。处于高阻状态时,电路与负载之间相当于开路。三态输出门按逻辑功能及控制方式来分有各种不同类型,本实验所用三态门的型号是 74LS125 三态输出四总线缓冲器,图 2.13(a)是三态输出四总线缓冲器的逻辑符号,它有一个控制端(又称使能端)$\overline{E}$。$\overline{E}=0$ 时,为正常工作状态,实现 $Y=A$ 的逻辑功能;$\overline{E}=1$ 时,输出 $Y$ 呈现高阻状态。图 2.13(b)为 74LS125 的引脚排列。

三态电路主要用途之一是实现总线传输,即用一个传输通道(称总线),以选通方式传送多路信息。如图 2.14 所示,电路中把若干个三态 TTL 电路输出端直接连接在一起构成三态门

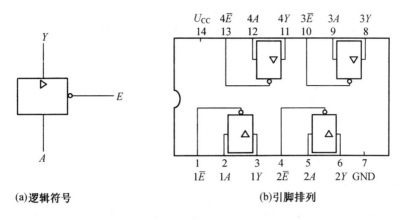

(a)逻辑符号　　　　　(b)引脚排列

图 2.13　74LS125 三态输出四总线缓冲器逻辑符号及引脚排列

总线,使用时,要求只有需要传输信息的三态控制端处于使能状态($\overline{E}=0$),其余各门皆处于禁止状态($\overline{E}=1$)。由于三态门输出电路结构与普通 TTL 电路相同,显然,若同时有两个或两个以上三态门的控制端处于使能态,将出现与普通 TTL 门"线与"运用时同样的问题,因而是绝对不允许的。

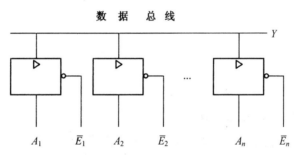

图 2.14　三态输出门实现总线传输

### 2.3.5　实验内容

**1. 测试 OC 门 74LS03 基本逻辑功能**

参照图 2.15,输入端 $A$、$B$ 接实验箱逻辑电平开关输出口,输出端 $F$ 接逻辑电平显示发光管。变换逻辑电平开关,将测试结果填入表 2.9。也可自拟测试表格和测试步骤。

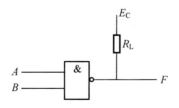

图 2.15　74LS03 逻辑功能测试图

表 2.9　74LS03 测试表格

| 输入 | | 输出 |
| --- | --- | --- |
| $A$ | $B$ | $F$ |
| 0 | 0 | |
| 0 | 1 | |
| 1 | 0 | |
| 1 | 1 | |

### 2. 测试三态门 74LS125 基本功能

将三态门输入端 $A$ 接 1 kHz 的脉冲信号,用示波器观察控制输入端 $\overline{E}$ 接高电平时输出端 $Y$ 的波形($Y_1$),以及控制输入端 $\overline{E}$ 接低电平时输出端 $Y$ 的波形($Y_2$),将观察结果记录于图 2.16。

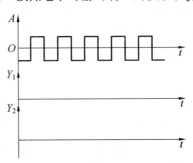

图 2.16　74LS125 逻辑功能测试图

### 3. 利用 OC 门 74LS03 实现线与功能

参照图 2.11 在实验箱上接线,输入端接逻辑电平开关,输出端接逻辑电平显示发光二极管,变化输入端逻辑电平,观测输出信号的变化情况,将测试结果记入表 2.10。

表 2.10　74LS03 线与测试表

| $A_1$ | $A_2$ | $B_1$ | $B_2$ | $F$ |
| --- | --- | --- | --- | --- |
| 0 | 0 | 0 | 0 | |
| 0 | 0 | 0 | 1 | |
| 0 | 0 | 1 | 0 | |
| 0 | 0 | 1 | 1 | |
| 0 | 1 | 0 | 0 | |
| 0 | 1 | 0 | 1 | |
| 0 | 1 | 1 | 0 | |
| 0 | 1 | 1 | 1 | |
| 1 | 0 | 0 | 0 | |
| 1 | 0 | 0 | 1 | |

**续表 2.10**

| $A_1$ | $A_2$ | $B_1$ | $B_2$ | $F$ |
|------|------|------|------|-----|
| 1 | 0 | 1 | 0 | |
| 1 | 0 | 1 | 1 | |
| 1 | 1 | 0 | 0 | |
| 1 | 1 | 0 | 1 | |
| 1 | 1 | 1 | 0 | |
| 1 | 1 | 1 | 1 | |

**4. 利用三态门实现 74LS125 总线传输**

参照图 2.14 接线,自拟实验步骤和测试表格,记录实验结果。

### 2.3.6　实验注意事项

(1)三态门实现总线输出时,不能有两个以上三态门的使能端同时有效,否则损坏器件。

(2)OC 门实现线与功能时,注意集电极上拉电阻的正确选取。

### 2.3.7　实验思考题

(1)为什么不允许普通的 TTL 门电路输出端直接并联使用?

(2)OC 门输出并联使用时如何选择负载电阻 $R_L$?

(3)给出三态门的其他应用实例。

### 2.3.8　实验报告要求

(1)根据各实验内容要求,设计并画出相应逻辑电路图。

(2)根据所测数据,分析三态门中"高阻态"的含义及用途。

## 2.4　实验四　用门电路设计加法器和四人表决电路

### 2.4.1　实验目的

(1)熟练掌握组合逻辑电路的设计与测试方法。

(2)掌握二进制加法器及四人表决电路的设计与实现。

### 2.4.2　预习要求

(1)根据实验任务要求设计组合电路,并根据所给的标准器件画出逻辑图。

(2)拟定实验步骤及实验表格。

### 2.4.3　实验仪器与器件

(1)数字万用表:1 块;

（2）数字实验箱:1 个；

（3）TTL 二 4 输入与非门 74LS20:1 片；

（4）TTL 四异或门 74LS86:1 片；

（5）TTL 四 2 输入与非门 74LS00:1 片；

（6）导线:若干。

### 2.4.4 实验原理

使用中、小规模集成电路设计组合电路是最常见的逻辑电路。根据设计任务的要求建立输入、输出变量,并列出真值表。然后用逻辑代数或卡诺图化简法求出简化的逻辑表达式。并按实际选用逻辑门的类型修改逻辑表达式。根据简化后的逻辑表达式,画出逻辑图,用标准器件构成逻辑电路。最后,用实验来验证设计的正确性。

#### 1.1 位全加器

将两个多位二进制数相加时,除了最低位以外,每一位都应考虑来自低位的进位,即将两个对应位的加数和来自低位的进位 3 个数相加。这种运算称为全加,所用的电路称为全加器。根据全加器的功能及真值表 2.11 可知,全加器的和 $S$、进位输出 $C_{\text{out}}$ 经化简后可表示为

$$S = \overline{A}\,\overline{B}C_{\text{in}} + \overline{A}\,B\,\overline{C}_{\text{in}} + A\,\overline{B}\,\overline{C}_{\text{in}} + ABC_{\text{in}} = A \oplus B \oplus C_{\text{in}}$$

$$C_{\text{out}} = \overline{A}BC_{\text{in}} + A\,\overline{B}C_{\text{in}} + AB\,\overline{C}_{\text{in}} + ABC_{\text{in}} = AB + BC_{\text{in}} + AC_{\text{in}}$$

表 2.11　全加器真值表

| | $A$ | 0 | 0 | 0 | 0 | 1 | 1 | 1 | 1 |
|---|---|---|---|---|---|---|---|---|---|
| 输入 | $B$ | 0 | 0 | 1 | 1 | 0 | 0 | 1 | 1 |
| | $C_{\text{in}}$ | 0 | 1 | 0 | 1 | 0 | 1 | 0 | 1 |
| 输出 | $S$ | | | | | | | | |
| | $C_{\text{out}}$ | | | | | | | | |

全加器可用异或门和与门、或门组成,也可用与非门实现。用与非门实现的 1 位全加器参考电路如图 2.17 所示。

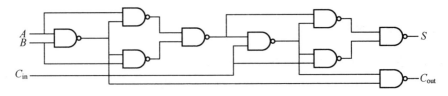

图 2.17　1 位二进制全加器电路

#### 2. 四人表决电路

当四个输入中有三个及以上为“1”时,输出才为“1”。根据题意列出真值表,见表 2.12。

表 2.12　四人表决电路真值表

| A | 0 | 0 | 0 | 0 | 0 | 0 | 0 | 0 | 1 | 1 | 1 | 1 | 1 | 1 | 1 | 1 |
|---|---|---|---|---|---|---|---|---|---|---|---|---|---|---|---|---|
| B | 0 | 0 | 0 | 0 | 1 | 1 | 1 | 1 | 0 | 0 | 0 | 0 | 1 | 1 | 1 | 1 |
| C | 0 | 0 | 1 | 1 | 0 | 0 | 1 | 1 | 0 | 0 | 1 | 1 | 0 | 0 | 1 | 1 |
| D | 0 | 1 | 0 | 1 | 0 | 1 | 0 | 1 | 0 | 1 | 0 | 1 | 0 | 1 | 0 | 1 |
| Z | 0 | 0 | 0 | 0 | 0 | 0 | 0 | 1 | 0 | 0 | 0 | 1 | 0 | 1 | 1 | 1 |

由真值表得出逻辑表达式,并演化成"与非"的形式

$$Z = ABC + BCD + ACD + ABD = \overline{\overline{ABC} \cdot \overline{BCD} \cdot \overline{ACD} \cdot \overline{ABD}}$$

根据逻辑表达式画出用"与非门"构成的逻辑电路如图 2.18 所示。

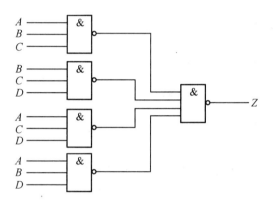

图 2.18　四人表决电路逻辑图

### 2.4.5　实验内容

**1. 检查与非门电路**

分别将 74LS00 和 74LS20 的电源端 $U_{\mathrm{CC}}$(14 脚)接通 5 V 电源,接地端 GND(7 脚)接地,用万用表的直流电压挡测量 14 脚对地的电压应为 5 V,7 脚对地的电压应为 0。其他各管脚均悬空,用万用表的直流电压挡测量各管脚对地的电压,输入端的读数在 1.0 ~ 1.4 V 之间,输出端的读数约为 0.2 V。否则,门电路可能已经损坏。

**2. 用异或门和与非门自行设计一个 1 位全加器**

参照电路图 2.17,在实验箱上连接电路进行测试,自拟实验步骤,直到测试电路逻辑功能符合设计要求为止。列表记录实验数据,验证其逻辑功能。如果测量结果与全加器功能不符,自行检查电路排除故障。

**3. 用"与非"门设计一个四人表决电路**

当四个输入中有三个及以上为"1"时,输出才为"1"。根据题意设计与非门实现的四人表决电路,也可参考图 2.18。

测试表决电路逻辑功能:在实验装置适当位置选定合适的 IC 插座,按照集成块定位标记插好集成块。按图 2.18 接线,输入端 $A$、$B$、$C$、$D$ 接至逻辑开关输出插口,输出端 $Z$ 接逻辑电平显示输入插口,按真值表(自拟)要求,逐次改变输入变量,测量相应的输出值,验证逻辑功能,验证所设计的逻辑电路是否符合要求。

### 2.4.6　实验注意事项

(1)本实验使用器件多,线路多,为确保组合电路功能正常,应先测试每个单个门电路的功能。

(2)使用四输入与非门时,注意 74LS20 芯片上的空余引脚,避免接错线。

### 2.4.7　实验思考题

(1)如何用与非门实现 1 位全加器?

(2)用 1 位全加器是否可以实现数码转换? 举例说明。

### 2.4.8　实验报告要求

(1)根据各实验内容要求,设计并画出相应逻辑电路图。

(2)根据所测数据,分析二进制加法器与十进制加法器的区别。

# 2.5　实验五　译码器及其应用

### 2.5.1　实验目的

(1)熟悉中规模集成地址译码器的逻辑功能和使用方法。

(2)熟悉七段译码器的功能及应用。

(3)掌握半导体数码管的使用。

### 2.5.2　预习要求

(1)复习 3 线-8 线地址译码器 74LS138 和七段译码驱动器 CC4511 的工作原理和逻辑功能。

(2)完成设计任务,确定测试电路的接线方案。

### 2.5.3　实验设备与器件

(1)数字万用表:1 块;

（2）数字实验箱：1 个；

（3）3 线-8 线地址译码器 74LS138：1 片；

（4）七段译码驱动器 CC4511：1 片。

### 2.5.4 实验原理

#### 1. 译码器

译码器是一个多输入、多输出的组合逻辑电路。它的作用是把给定的代码进行"翻译"，变成相应的状态，使输出通道中相应的一路有信号输出。译码器在数字系统中有广泛的用途，不仅用于代码的转换、终端的数字显示，还用于数据分配、存储器寻址和组合控制信号等。不同的功能可选用不同种类的译码器。译码器可分为通用译码器和显示译码器两大类，前者又分为变量译码器和代码变换译码器。在此以变量译码器为例介绍其工作原理。

变量译码器又称二进制译码器，用以表示输入变量的状态，如 2 线-4 线、3 线-8 线和 4 线-16 线译码器。若有 $n$ 个输入变量，就有 $2^n$ 个不同的组合状态，则有 $2^n$ 个输出端供其使用。而每个输出所代表的函数对应于 $n$ 个输入变量的最小项。

以 3 线-8 线译码器 74LS138 为例进行分析，图 2.19（a）、（b）分别为其逻辑图及引脚排列。其中 $A_2$、$A_1$、$A_0$ 为地址输入端，$\overline{Y_0} \sim \overline{Y_7}$ 为译码输出端，$S_1$、$\overline{S_2}$、$\overline{S_3}$ 为使能端。

表 2.13 为 74LS138 功能表。

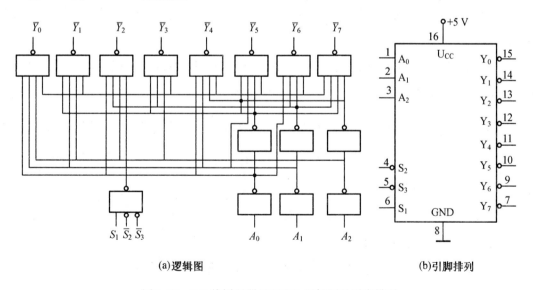

(a)逻辑图　　　　　　　　　　　　　(b)引脚排列

图 2.19　3/8 线译码器 74LS138 逻辑图及引脚排列

表 2.13　74LS138 功能表

| 输　入 | | | | | 输　出 | | | | | | | |
|---|---|---|---|---|---|---|---|---|---|---|---|---|
| $S_1$ | $\overline{S_2}+\overline{S_3}$ | $A_2$ | $A_1$ | $A_0$ | $\overline{Y_0}$ | $\overline{Y_1}$ | $\overline{Y_2}$ | $\overline{Y_3}$ | $\overline{Y_4}$ | $\overline{Y_5}$ | $\overline{Y_6}$ | $\overline{Y_7}$ |
| 1 | 0 | 0 | 0 | 0 | 0 | 1 | 1 | 1 | 1 | 1 | 1 | 1 |
| 1 | 0 | 0 | 0 | 1 | 1 | 0 | 1 | 1 | 1 | 1 | 1 | 1 |
| 1 | 0 | 0 | 1 | 0 | 1 | 1 | 0 | 1 | 1 | 1 | 1 | 1 |
| 1 | 0 | 0 | 1 | 1 | 1 | 1 | 1 | 0 | 1 | 1 | 1 | 1 |
| 1 | 0 | 1 | 0 | 0 | 1 | 1 | 1 | 1 | 0 | 1 | 1 | 1 |
| 1 | 0 | 1 | 0 | 1 | 1 | 1 | 1 | 1 | 1 | 0 | 1 | 1 |
| 1 | 0 | 1 | 1 | 0 | 1 | 1 | 1 | 1 | 1 | 1 | 0 | 1 |
| 1 | 0 | 1 | 1 | 1 | 1 | 1 | 1 | 1 | 1 | 1 | 1 | 0 |
| 0 | × | × | × | × | 1 | 1 | 1 | 1 | 1 | 1 | 1 | 1 |
| × | 1 | × | × | × | 1 | 1 | 1 | 1 | 1 | 1 | 1 | 1 |

当 $S_1=1$、$\overline{S_2}+\overline{S_3}=0$ 时,器件使能,地址码所指定的输出端有信号(为 0)输出,其他所有输出端均无信号(全为 1)输出。当 $S_1=0$,$\overline{S_2}+\overline{S_3}=$×时,或 $S_1=$×,$\overline{S_2}+\overline{S_3}=1$ 时,译码器被禁止,所有输出同时为 1。

二进制译码器实际上也是负脉冲输出的脉冲分配器。若利用使能端中的一个输入端输入数据信息,器件就成为一个数据分配器(又称多路分配器),如图 2.20 所示。若在 $S_1$ 输入端输入数据信息,$\overline{S_2}=\overline{S_3}=0$,地址码所对应的输出是 $S_1$ 数据信息的反码;若从 $\overline{S_2}$ 端输入数据信息,令 $S_1=1$、$\overline{S_3}=0$,地址码所对应的输出就是 $\overline{S_2}$ 端数据信息的原码。若数据信息是时钟脉冲,则数据分配器便成为时钟脉冲分配器。

根据输入地址的不同组合能译出唯一地址,故可用作地址译码器。接成多路分配器,可将一个信号源的数据信息传输到不同的地点。

二进制译码器还能方便地实现逻辑函数,如图 2.21 所示,实现的逻辑函数为

$$Z=\overline{A}\,\overline{B}\,\overline{C}+\overline{A}\,B\,\overline{C}+A\,\overline{B}\,C+ABC$$

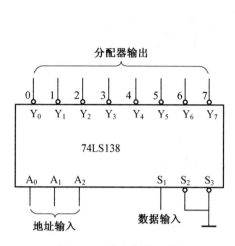

图 2.20　作数据分配器

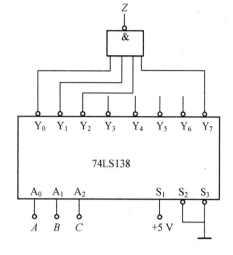

图 2.21　实现逻辑函数

利用使能端能方便地将两个 3 线-8 线译码器组合成一个 4 线-16 线译码器,如图 2.22 所示。

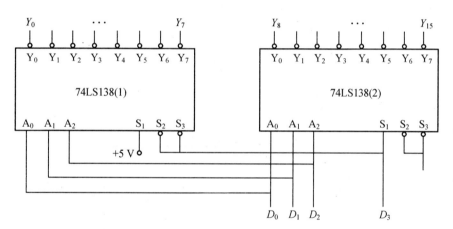

图 2.22　用两片 74LS138 组合成 4 线-16 线译码器

**2. 数码显示译码器**

(1)七段发光二极管(LED)数码管。

LED 数码管是目前最常用的数字显示器,图 2.23(a)、(b)为共阴管和共阳管的电路,图 2.23(c)为两种不同出线形式的引出脚功能图。

一个 LED 数码管可用来显示一位 0~9 十进制数和一个小数点。小型数码管[0.5 in(in 为英寸的单位符号,1 in=25.4 mm)和 0.36 in]每段发光二极管的正向压降,随显示光(通常为红、绿、黄、橙色)的颜色不同略有差别,通常为 2~2.5 V,每个发光二极管的点亮电流为 5~10 mA。LED 数码管要显示 BCD 码所表示的十进制数字就需要有一个专门的译码器,该译码器不但要完成译码功能,还要有相当的驱动能力。

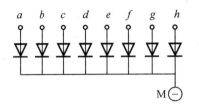
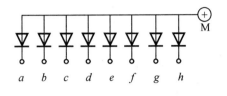

(a) 共阴连接（"1"电平驱动）        (a) 共阳连接（"0"电平驱动）

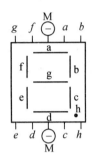
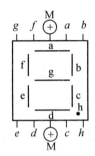

(c) 符号及引脚功能

图 2.23　LED 数码管

（2）BCD 码七段译码驱动器。

此类译码器型号有 74LS47（共阳）、74LS48（共阴）、CC4511（共阴）等,本实验采用
CC4511BCD 码锁存/七段译码/驱动器,驱动共阴极 LED 数码管。

图 2.24 为 CC4511 引脚排列。

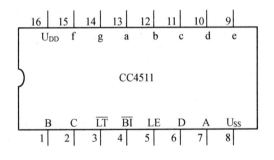

图 2.24　CC4511 引脚排列

图中,$A$、$B$、$C$、$D$ 为 BCD 码输入端;$a$、$b$、$c$、$d$、$e$、$f$、$g$ 为译码输出端,输出"1"有效,用来驱动
共阴极 LED 数码管;$\overline{LT}$为测试输入端,$\overline{LT}=0$ 时,译码输出全为 1;$BI$为消隐输入端,$\overline{BI}=0$ 时,
译码输出全为 0;$LE$ 为锁定端,$LE=1$ 时译码器处于锁定（保持）状态,译码输出保持在 $LE=0$
时的数值,$LE=0$ 为正常译码。

表 2.14 为 CC4511 功能表。CC4511 内接有上拉电阻,故只需在输出端与数码管笔段之间
串入限流电阻即可工作。译码器还有拒伪码功能,当输入码超过 1001 时,输出全为"0",数码
管熄灭。

表 2.14　CC4511 功能表

| 输　　入 | | | | | | | 输　　出 | | | | | | | 显示字形 |
|---|---|---|---|---|---|---|---|---|---|---|---|---|---|---|
| $LE$ | $\overline{BI}$ | $\overline{LT}$ | $D$ | $C$ | $B$ | $A$ | $a$ | $b$ | $c$ | $d$ | $e$ | $f$ | $g$ | |
| × | × | 0 | × | × | × | × | 1 | 1 | 1 | 1 | 1 | 1 | 1 | 8 |
| × | 0 | 1 | × | × | × | × | 0 | 0 | 0 | 0 | 0 | 0 | 0 | 消隐 |
| 0 | 1 | 1 | 0 | 0 | 0 | 0 | 1 | 1 | 1 | 1 | 1 | 1 | 0 | 0 |
| 0 | 1 | 1 | 0 | 0 | 0 | 1 | 0 | 1 | 1 | 0 | 0 | 0 | 0 | 1 |
| 0 | 1 | 1 | 0 | 0 | 1 | 0 | 1 | 1 | 0 | 1 | 1 | 0 | 1 | 2 |
| 0 | 1 | 1 | 0 | 0 | 1 | 1 | 1 | 1 | 1 | 1 | 0 | 0 | 1 | 3 |
| 0 | 1 | 1 | 0 | 1 | 0 | 0 | 0 | 1 | 1 | 0 | 0 | 1 | 1 | 4 |
| 0 | 1 | 1 | 0 | 1 | 0 | 1 | 1 | 0 | 1 | 1 | 0 | 1 | 1 | 5 |
| 0 | 1 | 1 | 0 | 1 | 1 | 0 | 0 | 0 | 1 | 1 | 1 | 1 | 1 | 6 |
| 0 | 1 | 1 | 0 | 1 | 1 | 1 | 1 | 1 | 1 | 0 | 0 | 0 | 0 | 7 |
| 0 | 1 | 1 | 1 | 0 | 0 | 0 | 1 | 1 | 1 | 1 | 1 | 1 | 1 | 8 |
| 0 | 1 | 1 | 1 | 0 | 0 | 1 | 1 | 1 | 1 | 0 | 0 | 1 | 1 | 9 |
| 0 | 1 | 1 | 1 | 0 | 1 | 0 | 0 | 0 | 0 | 0 | 0 | 0 | 0 | 消隐 |
| 0 | 1 | 1 | 1 | 0 | 1 | 1 | 0 | 0 | 0 | 0 | 0 | 0 | 0 | 消隐 |
| 0 | 1 | 1 | 1 | 1 | 0 | 0 | 0 | 0 | 0 | 0 | 0 | 0 | 0 | 消隐 |
| 0 | 1 | 1 | 1 | 1 | 0 | 1 | 0 | 0 | 0 | 0 | 0 | 0 | 0 | 消隐 |
| 0 | 1 | 1 | 1 | 1 | 1 | 0 | 0 | 0 | 0 | 0 | 0 | 0 | 0 | 消隐 |
| 0 | 1 | 1 | 1 | 1 | 1 | 1 | 0 | 0 | 0 | 0 | 0 | 0 | 0 | 消隐 |
| 1 | 1 | 1 | × | × | × | × | 锁　　存 | | | | | | | 锁存 |

　　在本数字电路实验装置上已完成了译码器 CC4511 和数码管 BS202 之间的连接。实验时,只要接通+5 V 电源和将十进制数的 BCD 码接至译码器的相应输入端 $A$、$B$、$C$、$D$ 即可显示 0～9 的数字。四位数码管可接收四组 BCD 码输入。CC4511 与 LED 数码管的连接如图 2.25 所示。

## 2.5.5　实验内容

### 1.74LS138 译码器逻辑功能测试

将译码器使能端 $S_1$、$\overline{S_2}$、$\overline{S_3}$ 及地址端 $A_2$、$A_1$、$A_0$ 分别接至逻辑电平开关输出口,八个输出端 $\overline{Y_7}$,$\overline{Y_6}$,$\cdots$,$\overline{Y_0}$ 依次连接在逻辑电平显示器的八个输入口上,拨动逻辑电平开关,按功能表逐项测试。

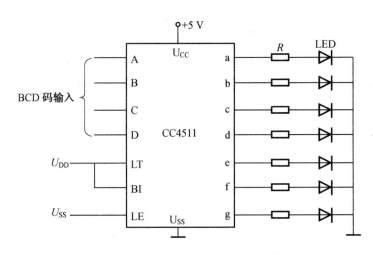

图 2.25　CC4511 驱动 1 位 LED 数码管

### 2. 用 74LS138 构成时序脉冲分配器

二进制译码器实际上也是负脉冲输出的脉冲分配器。若利用使能端中的一个输入端输入数据信息,器件就成为一个数据分配器(又称多路分配器),如图 2.20 所示。若在 $S_1$ 输入端输入数据信息,$\overline{S_2}=\overline{S_3}=0$,地址码所对应的输出是 $S_1$ 数据信息的反码;若从 $\overline{S_2}$ 端输入数据信息,令 $S_1=1$、$\overline{S_3}=0$,地址码所对应的输出就是 $\overline{S_2}$ 端数据信息的原码。若数据信息是时钟脉冲,则数据分配器便成为时钟脉冲分配器。

根据输入地址的不同组合译出唯一地址,故可用作地址译码器。接成多路分配器,可将一个信号源的数据信息传输到不同的地点。

参照图 2.20 和实验原理说明,时钟脉冲 $CP$ 频率约为 10 kHz,要求分配器输出端 $\overline{Y_7}$,$\overline{Y_6}$,$\cdots$,$\overline{Y_0}$ 的信号与 $CP$ 输入信号同相。

画出分配器的实验电路,用示波器观察和记录在地址端 $A_2$,$A_1$,$A_0$ 分别取 000 ~ 111 八种不同状态时 $\overline{Y_7}$,$\overline{Y_6}$,$\cdots$,$\overline{Y_0}$ 端的输出波形,注意输出波形与 $CP$ 输入波形之间的相位关系。

### 3. 用译码器 74LS138 和与非门 74LS20 设计 1 位二进制全加器

参照图 2.26 连接电路,并测试、记录。

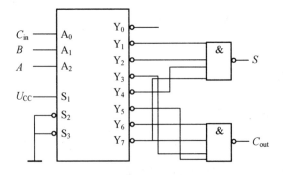

图 2.26　译码器实现全加器参考电路图

**4. BCD 码七段译码驱动器**

按图 4.27 接线，$\overline{LT},\overline{BI},LE$ 和 $BCD$ 码输入端 $A,B,C,D$ 接实验箱逻辑电平输入端，译码输出端 $a,b,c,d,e,f,g$ 接七段数码管输入端。对照 CC4511 功能表，接通 5 V 电源，变换逻辑电平输入端状态，测试 CC4511 功能。

### 2.5.6 实验注意事项

(1)使用译码器时注意其使能端的正确处理。

(2)CC4511 为 CMOS 电路，为确保电路正常工作，所有引脚都不许悬空。

### 2.5.7 实验思考题

(1)能否用一片 74LS138 实现四变量逻辑函数？

(2)图 2.25 中的电阻 $R$ 能否省略？如果去掉电阻 $R$ 可能会出现什么情况？

### 2.5.8 实验报告要求

(1)根据各实验内容要求，设计并画出相应的逻辑电路图。

(2)根据所测数据，分析显示译码器的辅助功能端的用法及用途。

# 2.6 实验六 数据选择器及其应用

### 2.6.1 实验目的

(1)掌握中规模集成数据选择器的逻辑功能及使用方法。

(2)学习用数据选择器构成组合逻辑电路的方法。

### 2.6.2 预习要求

(1)复习数据选择器 74LS153 和 74LS151 的工作原理和逻辑功能。

(2)完成设计任务，确定测试电路的接线方案。

### 2.6.3 实验设备与器件

(1)数字万用表：1 块；

(2)数字实验箱：1 个；

(3)4 选 1 数据选择器 74LS153：1 片；

(4)8 选 1 数据选择器 74LS151：1 片；

（5）TTL 四 2 输入与非门 74LS00：1 片。

### 2.6.4 实验原理

数据选择器又称"多路开关"。数据选择器在地址码（或称选择控制）电位的控制下，从几个数据输入中选择一个并将其送到一个公共的输出端。数据选择器的功能类似一个多掷开关，如图 2.27 所示，图中有四路数据 $D_0 \sim D_3$，通过选择控制信号 $A_1, A_0$（地址码），从四路数据中选中某一路数据送至输出端 $Q$。数据选择器为目前逻辑设计中应用十分广泛的逻辑部件，它有 2 选 1、4 选 1、8 选 1、16 选 1 等类别。数据选择器的电路结构一般由与或门阵列组成，也有用传输门开关和门电路混合而成的。

**1.8 选 1 数据选择器 74LS151**

74LS151 为互补输出的 8 选 1 数据选择器，引脚排列如图 2.28 所示，功能见表 2.15。

选择控制端（地址端）为 $A_2 \sim A_0$，按二进制译码，从 8 个输入数据 $D_0 \sim D_7$ 中，选择一个需要的数据送到输出端 $Q$，$\overline{S}$ 为使能端，低电平有效。

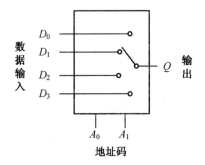

图 2.27　4 选 1 数据选择器示意图

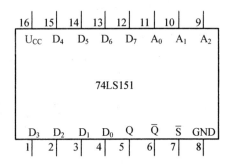

图 2.28　74LS151 引脚排列

表 2.15　74LS151 功能表

| 输　　入 | | | | 输　　出 | |
| --- | --- | --- | --- | --- | --- |
| $\overline{S}$ | $A_2$ | $A_1$ | $A_0$ | $Q$ | $\overline{Q}$ |
| 1 | × | × | × | 0 | 1 |
| 0 | 0 | 0 | 0 | $D_0$ | $\overline{D_0}$ |
| 0 | 0 | 0 | 1 | $D_1$ | $\overline{D_1}$ |
| 0 | 0 | 1 | 0 | $D_2$ | $\overline{D_2}$ |
| 0 | 0 | 1 | 1 | $D_3$ | $\overline{D_3}$ |
| 0 | 1 | 0 | 0 | $D_4$ | $\overline{D_4}$ |
| 0 | 1 | 0 | 1 | $D_5$ | $\overline{D_5}$ |
| 0 | 1 | 1 | 0 | $D_6$ | $\overline{D_6}$ |
| 0 | 1 | 1 | 1 | $D_7$ | $\overline{D_7}$ |

使能端 $\overline{S}=1$ 时,不论 $A_2\sim A_0$ 状态如何,均无输出 $(Q=0,\overline{Q}=1)$,多路开关被禁止。

使能端 $\overline{S}=0$ 时,多路开关正常工作,根据地址码 $A_2$,$A_1$,$A_0$ 的状态选择 $D_0\sim D_7$ 中某个通道的数据输送到输出端 $Q$。

如:$A_2A_1A_0=000$,则选择 $D_0$ 数据到输出端,即 $Q=D_0$;$A_2A_1A_0=001$,则选择 $D_1$ 数据到输出端,即 $Q=D_1$,其余类推。

**2. 双 4 选 1 数据选择器 74LS153**

所谓双 4 选 1 数据选择器就是在一块集成芯片上有两个 4 选 1 数据选择器,引脚排列如图 2.29 所示,功能见表 2.16。

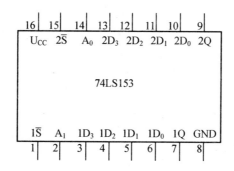

图 2.29　74LS153 引脚功能

**表 2.16　74LS153 功能表**

| 输 入 | | | 输 出 |
| --- | --- | --- | --- |
| $\overline{S}$ | $A_1$ | $A_0$ | $Q$ |
| 1 | × | × | 0 |
| 0 | 0 | 0 | $D_0$ |
| 0 | 0 | 1 | $D_1$ |
| 0 | 1 | 0 | $D_2$ |
| 0 | 1 | 1 | $D_3$ |

$1\overline{S}$、$2\overline{S}$ 为两个独立的使能端;$A_1$、$A_0$ 为公用的地址输入端;$1D_0\sim 1D_3$ 和 $2D_0\sim 2D_3$ 分别为两个 4 选 1 数据选择器的数据输入端;$Q_1$、$Q_2$ 为两个输出端。

①当使能端 $1\overline{S}(2\overline{S})=1$ 时,多路开关被禁止,无输出,$Q=0$。

②当使能端 $1\overline{S}(2\overline{S})=0$ 时,多路开关正常工作,根据地址码 $A_1$,$A_0$ 的状态,将相应的数据 $D_0\sim D_3$ 送到输出端 $Q$。

如:$A_1A_0=00$,则选择 $D_0$ 数据到输出端,即 $Q=D_0$;$A_1A_0=01$,则选择 $D_1$ 数据到输出端,即 $Q=D_1$,其余类推。

数据选择器的用途很多,例如多通道传输、数码比较、并行码变串行码,以及实现逻辑函数等。

**3. 数据选择器的应用——实现逻辑函数**

**例 1**　用 8 选 1 数据选择器 74LS151 实现函数

$$F = A\overline{B} + \overline{A}B$$

列出函数 $F$ 的功能表,见表 2.17。

将 $A$、$B$ 加到地址端 $A_1$，$A_0$，而 $A_2$ 接地,由真值表 2.17 可见,将 $D_1$，$D_2$ 接"1"及 $D_0$，$D_3$ 接地, 其余数据输入端 $D_4 \sim D_7$ 都接地,则 8 选 1 数据选择器的输出 $Q$，便实现了函数

$$F = A\overline{B} + \overline{A}B$$

接线图如图 2.30 所示。

**表 2.17　真值表**

| $B$ | $A$ | $F$ |
| --- | --- | --- |
| 0 | 0 | 0 |
| 0 | 1 | 1 |
| 1 | 0 | 1 |
| 1 | 1 | 0 |

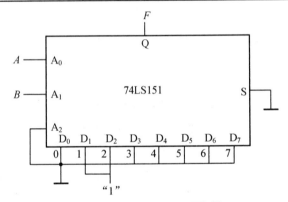

图 2.30　8 选 1 数据选择器实现 $F = A\overline{B} + \overline{A}B$ 的接线图

当函数输入变量数小于数据选择器的地址端($A$)时,应将不用的地址端及不用的数据输入端($D$)都接地。

**例 2**　用 4 选 1 数据选择器 74LS153 实现函数

$$F = \overline{A}BC + A\overline{B}C + AB\overline{C} + ABC$$

函数 $F$ 的功能见表 2.18。

**表 2.18　功能表**

| 输　　入 | | | 输　　出 |
| --- | --- | --- | --- |
| $A$ | $B$ | $C$ | $F$ |
| 0 | 0 | 0 | 0 |
| 0 | 0 | 1 | 0 |
| 0 | 1 | 0 | 0 |
| 0 | 1 | 1 | 1 |
| 1 | 0 | 0 | 0 |
| 1 | 0 | 1 | 1 |
| 1 | 1 | 0 | 1 |
| 1 | 1 | 1 | 1 |

函数 $F$ 有三个输入变量 $A,B,C$，而数据选择器有两个地址端 $A_1,A_0$，少于函数输入变量个数，在设计时可任选 $A$ 接 $A_1$，$B$ 接 $A_0$。将函数功能表改写成表 2.19，可见当将输入变量 $A,B,C$ 中 $A$、$B$ 接选择器的地址端 $A_1$，$A_0$ 时，由表 2.19 不难看出：$D_0=0$，$D_1=D_2=C$，$D_3=1$，则 4 选 1 数据选择器的输出便实现了函数 $F=\overline{A}BC+A\,\overline{B}C+AB\,\overline{C}+ABC$，接线图如图 2.31 所示。

表 2.19　功能表

| 输　　入 | | | 输出 | 中选数据端 |
|---|---|---|---|---|
| $A$ | $B$ | $C$ | $F$ | |
| 0 | 0 | 0 | 0 | $D_0=0$ |
| | | 1 | 0 | |
| 0 | 1 | 0 | 0 | $D_1=C$ |
| | | 1 | 1 | |
| 1 | 0 | 0 | 0 | $D_2=C$ |
| | | 1 | 1 | |
| 1 | 1 | 0 | 1 | $D_3=1$ |
| | | 1 | 1 | |

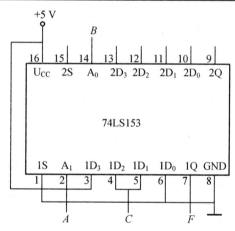

图 2.31　用 4 选 1 数据选择器实现逻辑函数

当函数输入变量大于数据选择器地址端($A$)时，可能随着选用函数输入变量做地址的方案不同，而使其设计结果不同，需对几种方案比较，以获得最佳方案。

## 2.6.5　实验内容

### 1. 测试 74LS151 的逻辑功能

数据输入端 $D_0 \sim D_7$、地址端 $A_2$，$A_1$ 和使能控制端 $\overline{S}$ 接逻辑开关，变换开关状态，按 74LS151 功能表逐项进行测试，测试结果记入表 2.20。

**2. 用 8 选 1 数据选择器 74LS151 实现逻辑函数 $F = A\overline{B} + \overline{A}C + \overline{BC}$**

采用 8 选 1 数据选择器 74LS151 可实现任意三或四输入变量的组合逻辑函数。作出函数 $F$ 的功能表,将函数 $F$ 功能表与 8 选 1 数据选择器的功能表相比较,可知:

①将输入变量 $C, B, A$ 作为 8 选 1 数据选择器的地址码 $A_2, A_1, A_0$。

②使 8 选 1 数据选择器的各数据输入 $D_0 \sim D_7$ 分别与函数 $F$ 的输出值一一相对应,即

$$A_2 A_1 A_0 = CBA, \quad D_0 = D_7 = 0, \quad D_1 = D_2 = D_3 = D_4 = D_5 = D_6 = 1$$

则 8 选 1 数据选择器的输出 $Q$ 便实现了函数 $F = \overline{AB} + \overline{A}C + \overline{BC}$,接线图如图 2.32 所示。

表 2.20 74LS151 功能测试表

| 输 入 | | | | 输 出 | |
|---|---|---|---|---|---|
| $\overline{S}$ | $A_2$ | $A_1$ | $A_0$ | $Q$ | $\overline{Q}$ |
| 1 | × | × | × | | |
| 0 | 0 | 0 | 0 | | |
| 0 | 0 | 0 | 1 | | |
| 0 | 0 | 1 | 0 | | |
| 0 | 0 | 1 | 1 | | |
| 0 | 1 | 0 | 0 | | |
| 0 | 1 | 0 | 1 | | |
| 0 | 1 | 1 | 0 | | |
| 0 | 1 | 1 | 1 | | |

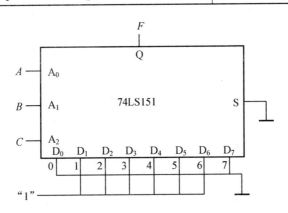

图 2.32 用 8 选 1 数据选择器实现 $F = \overline{AB} + \overline{A}C + \overline{BC}$

采用具有 $n$ 个地址端的数据选择实现 $n$ 变量的逻辑函数时,应将函数的输入变量加到数据选择器的地址端 $(A)$,选择器的数据输入端 $(D)$ 按次序以函数 $F$ 输出值来赋值。

**3. 测试数据选择器 74LS153 的逻辑功能**

数据输入端 $D_0 \sim D_3$ 加 4 种不同的变量,如电平 $0, 1, 1\ Hz, 5\ Hz$ 的连续脉冲,地址端 $A_2, A_1$ 和使能控制端用逻辑开关实现,变换开关状态,测试输出,结果记入表 2.21。

表 2.21　数据选择器 74LS153 功能测试表

| 输　　入 | | | 输　　出 |
|---|---|---|---|
| $\overline{S}$ | $A_1$ | $A_0$ | |
| 1 | × | × | |
| 0 | 0 | 0 | |
| 0 | 0 | 1 | |
| 0 | 1 | 0 | |
| 0 | 1 | 1 | |

**4. 用 4 选 1 数据选择器 74LS153 设计三输入多数表决器**

三输入多数表决器真值表见表 2.22,其中 $A,B,C$ 为输入变量,$F$ 为输出。当输入变量 $A$, $B,C$ 有两个或两个以上为 1 时输出为 1,输入其他状态时输出为 0。

表 2.22　三输入多数表决电路真值表

| $A$ | $B$ | $C$ | $F$ |
|---|---|---|---|
| 0 | 0 | 0 | 0 |
| 0 | 0 | 1 | 0 |
| 0 | 1 | 0 | 0 |
| 0 | 1 | 1 | 1 |
| 1 | 0 | 0 | 0 |
| 1 | 0 | 1 | 1 |
| 1 | 1 | 0 | 1 |
| 1 | 1 | 1 | 1 |

由表 2.22 可得函数式 $F=\overline{A}BC+A\overline{B}C+AB\overline{C}+ABC$。选择输入变量 $A,B,C$ 中 $A,B$ 接选择器的地址端 $A_1,A_0$,则 $D_0=0,D_1=D_2=C,D_3=1$,因此 4 选 1 数据选择器的输出 $F$ 便实现了三输入多数表决功能。接线图参照图 2.31。将输入接实验箱逻辑电平开关,输出接逻辑电平显示二极管,变换电平开关,验证逻辑功能。

**5. 用双 4 选 1 数据选择器 74LS153 实现 1 位二进制全加器**

由实验四知 1 位二进制全加器的函数式为

$$S=\overline{A}\,\overline{B}\cdot C_{in}+\overline{A}B\cdot\overline{C}_{in}+A\,\overline{B}\cdot\overline{C}_{in}+AB\cdot C_{in}$$

$$C_{out}=\overline{A}BC_{in}+A\,\overline{B}C_{in}+AB\,\overline{C}_{in}+ABC_{in}$$

选择输入变量 $A,B,C_{in}$ 中 $A,B$ 接选择器的地址端 $A_1,A_0$,向高位进位输出的函数式可变换为

$$C_{out}=\overline{A}B\cdot C_{in}+A\,\overline{B}\cdot C_{in}+AB\cdot1$$

$S$ 接 $1Q,C_{out}$ 接 $2Q$,则有下列对应关系

$$1D_0=1D_3=C_{in},\quad 1D_1=1D_2=\overline{C}_{in}$$

$$2D_0 = 0, \quad 2D_1 = 2D_2 = C_{\text{in}}, \quad 2D_3 = 1$$

参考电路图如图 2.33 所示。在实验箱接线,测试电路功能,自拟表格记录测试结果。

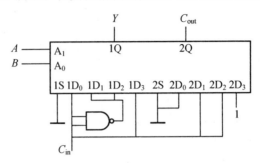

图 2.33　74LS153 构成的 1 位全加器

### 2.6.6　实验注意事项

(1)注意数据选择器使能端及功能选择端的正确处理。

(2)注意功能选择端的高低位排序。

### 2.6.7　实验思考题

(1)给出用双 4 选 1 数据选择器 74LS153 和与非门实现 1 位全减器电路的设计过程。

(2)用 74LS151 实现全减器时是否需要 74LS00?

### 2.6.8　实验报告要求

(1)根据各实验内容要求,设计并画出相应逻辑电路图。

(2)根据所测数据,列表分析各电路功能。

# 2.7　实验七　集成触发器功能测试及相互转换

### 2.7.1　实验目的

(1)掌握基本 $RS$、$JK$、$D$ 和 $T$ 触发器的逻辑功能。

(2)掌握集成触发器的逻辑功能及使用方法。

(3)熟悉触发器之间相互转换的方法。

### 2.7.2　实验预习要求

(1)复习 $RS$、$JK$、$D$ 和 $T$ 触发器的工作原理和逻辑功能。

(2)查阅 74LS112 和 74LS74 的相关资料。

(3)拟定 $JK$ 触发器和 $D$ 触发器之间的转换方案。

### 2.7.3　实验仪器与器件

(1)数字万用表:1 块;

(2)数字实验箱:1 个;

(3)双 *D* 触发器 74LS74:1 片;

(4)双 *JK* 触发器 74LS112:1 片;

(5)TTL 四 2 输入与非门 74LS00:1 片。

### 2.7.4　实验原理

触发器具有两个稳定状态,用以表示逻辑状态"1"和"0",在一定的外界信号作用下,可以从一个稳定状态翻转到另一个稳定状态,它是一个具有记忆功能的二进制信息存贮器件,是构成各种时序电路的最基本逻辑单元。

#### 1.基本 RS 触发器

图 2.34 为由两个与非门交叉耦合构成的基本 *RS* 触发器,它是无时钟控制低电平直接触发的触发器。基本 *RS* 触发器具有置"0"、置"1"和"保持"三种功能。通常称 $\bar{S}$ 为置"1"端,因为 $\bar{S}=0(\bar{R}=1)$ 时触发器被置"1";$\bar{R}$ 为置"0"端,因为 $\bar{R}=0(\bar{S}=1)$ 时触发器被置"0",当 $\bar{S}=\bar{R}=1$ 时状态保持;$\bar{S}=\bar{R}=0$ 时,触发器状态不定,应避免此种情况发生,表 2.23 为基本 *RS* 触发器的功能表。

基本 *RS* 触发器也可以用两个"或非门"组成,此时为高电平触发有效。

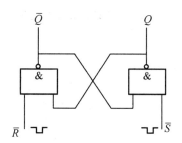

图 2.34　基本 *RS* 触发器

**表 2.23　基本 *RS* 触发器功能表**

| 输　　入 | | 输　　出 | |
| --- | --- | --- | --- |
| $\bar{S}$ | $\bar{R}$ | $Q^{n+1}$ | $\bar{Q}^{n+1}$ |
| 0 | 1 | 1 | 0 |
| 1 | 0 | 0 | 1 |
| 1 | 1 | $Q^n$ | $\bar{Q}^n$ |
| 0 | 0 | $\varnothing$ | $\varnothing$ |

### 2. JK 触发器

在输入信号为双端的情况下,JK 触发器是功能完善、使用灵活和通用性较强的一种触发器。本实验采用 74LS112 双 JK 触发器,是下降边沿触发的边沿触发器。引脚功能及逻辑符号如图 2.35 所示。

JK 触发器的状态方程为

$$Q^{n+1} = J\overline{Q}^n + \overline{K}Q^n$$

J 和 K 是数据输入端,是触发器状态更新的依据,若 J、K 有两个或两个以上输入端时,组成"与"的关系。Q 与 $\overline{Q}$ 为两个互补输出端。通常把 $Q=0$、$\overline{Q}=1$ 的状态定为触发器"0"状态,而把 $Q=1$,$\overline{Q}=0$ 定为"1"状态。

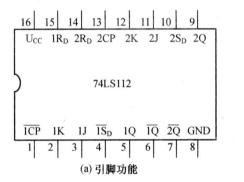

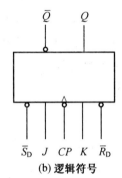

(a) 引脚功能      (b) 逻辑符号

图 2.35   74LS112 双 JK 触发器引脚排列及逻辑符号

下降沿触发 JK 触发器的功能见表 2.24。

表 2.24   74LS112 的功能表

| 输   入 | | | | | 输   出 | |
|---|---|---|---|---|---|---|
| $\overline{S}_D$ | $\overline{R}_D$ | $CP$ | $J$ | $K$ | $Q^{n+1}$ | $\overline{Q}^{n+1}$ |
| 0 | 1 | × | × | × | 1 | 0 |
| 1 | 0 | × | × | × | 0 | 1 |
| 0 | 0 | × | × | × | $\varnothing$ | $\varnothing$ |
| 1 | 1 | ↓ | 0 | 0 | $Q^n$ | $\overline{Q}^n$ |
| 1 | 1 | ↓ | 1 | 0 | 1 | 0 |
| 1 | 1 | ↓ | 0 | 1 | 0 | 1 |
| 1 | 1 | ↓ | 1 | 1 | $\overline{Q}^n$ | $Q^n$ |
| 1 | 1 | ↑ | × | × | $Q^n$ | $\overline{Q}^n$ |

注:×— 任意态;↓— 高到低电平跳变;↑— 低到高电平跳变;$Q^n(\overline{Q}^n)$— 现态;$Q^{n+1}(\overline{Q}^{n+1})$— 次态;$\varnothing$—不定态。

JK 触发器常被用作缓冲存储器,移位寄存器和计数器。

### 3. D 触发器

在输入信号为单端的情况下, D 触发器用起来最为方便, 其状态方程为 $Q^{n+1} = D^n$, 其输出状态的更新发生在 $CP$ 脉冲的上升沿, 故又称为上升沿触发的边沿触发器。触发器的状态只取决于时钟到来前 $D$ 端的状态, $D$ 触发器的应用很广, 可用作数字信号的寄存、移位寄存、分频和波形发生等。有很多种型号可供各种用途的需要选用, 如双 D 74LS74、四 D 74LS175、六 D 74LS174 等。

图 2.36 为双 D 74LS74 的引脚排列及逻辑符号, 功能见表 2.25。

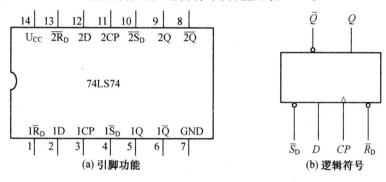

图 2.36　74LS74 引脚排列及逻辑符号

表 2.25　74LS74 的功能表

| 输　入 | | | | 输　出 | |
|---|---|---|---|---|---|
| $\bar{S}_D$ | $\bar{R}_D$ | $CP$ | $D$ | $Q^{n+1}$ | $\bar{Q}^{n+1}$ |
| 0 | 1 | × | × | 1 | 0 |
| 1 | 0 | × | × | 0 | 1 |
| 0 | 0 | × | × | $\varnothing$ | $\varnothing$ |
| 1 | 1 | ↑ | 1 | 1 | 0 |
| 1 | 1 | ↑ | 0 | 0 | 1 |
| 1 | 1 | ↓ | × | $Q^n$ | $\bar{Q}^n$ |

### 4. 触发器之间的相互转换

在集成触发器的产品中, 每种触发器都有自己固定的逻辑功能, 但可以利用转换的方法获得具有其他功能的触发器。例如将 JK 触发器的 J、K 两端连在一起, 并认它为 T 端, 就得到所需的 T 触发器。如图 2.37(a) 所示, 其状态方程为 $Q^{n+1} = T\bar{Q}^n + \bar{T}Q^n$, T 触发器的功能见表 2.26。

由功能表可见, 当 $T = 0$ 时, 时钟脉冲作用后, 其状态保持不变; 当 $T = 1$ 时, 时钟脉冲作用后, 触发器状态翻转。所以, 若将 T 触发器的 T 端置"1", 如图 2.37(b) 所示, 即得 T′ 触发器。在 T′ 触发器的 $CP$ 端每来一个 $CP$ 脉冲信号, 触发器的状态就翻转一次, 故称为反转触发器, 广泛用于计数电路中。

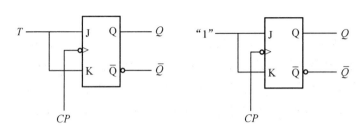

(a)$T$ 触发器　　　　　　　(b)$T'$ 触发器

图 2.37　$JK$ 触发器转换为 $T$、$T'$ 触发器

**表 2.26　$T$ 触发器的功能表**

| 输　　　入 | | | | 输　　出 |
| --- | --- | --- | --- | --- |
| $\overline{S}_{D}$ | $\overline{R}_{D}$ | $CP$ | $T$ | $Q^{n+1}$ |
| 0 | 1 | × | × | 1 |
| 1 | 0 | × | × | 0 |
| 1 | 1 | ↓ | 0 | $Q^{n}$ |
| 1 | 1 | ↓ | 1 | $\overline{Q}^{n}$ |

同样,若将 $D$ 触发器端与 $D$ 端相连,便转换成 $T'$ 触发器,如图 2.38 所示。$JK$ 触发器也可转换为 $D$ 触发器,如图 2.39 所示。

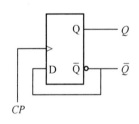

图 2.38　$D$ 触发器转成 $T'$ 触发器

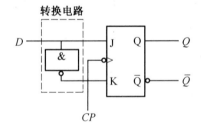

图 2.39　$JK$ 触发器转成 $D$ 触发器

### 2.7.5　实验内容

**1. 测试双 $JK$ 触发器 74LS112 逻辑功能**

在输入信号为双端的情况下,$JK$ 触发器是功能完善、使用灵活和通用性较强的一种触发器。本实验采用 74LS112 双 $JK$ 触发器,是下降边沿触发的边沿触发器。

(1)测试 $\overline{R}_{D}$、$\overline{S}_{D}$ 的复位、置位功能。任取一只 $JK$ 触发器,$\overline{R}_{D}$、$\overline{S}_{D}$、$J$、$K$ 端接逻辑开关输出插口,$CP$ 端接单次脉冲源,$Q$、$\overline{Q}$ 端接至逻辑电平显示输入插口。要求改变 $\overline{R}_{D}$、$\overline{S}_{D}$($J$、$K$、$CP$ 处于任意状态),并在 $\overline{R}_{D}=0(\overline{S}_{D}=1)$ 或 $\overline{S}_{D}=0(\overline{R}_{D}=1)$ 作用期间任意改变 $J$、$K$ 及 $CP$ 的状态,观察 $Q$、$\overline{Q}$ 状态。自拟表格并记录之。

（2）测试 $JK$ 触发器的逻辑功能。

按触发器功能表改变 $J$、$K$、$CP$ 端状态，观察 $Q$、$\bar{Q}$ 状态变化，观察触发器状态更新是否发生在 $CP$ 脉冲的下降沿（即 $CP$ 由 $1\rightarrow0$），测试结果记入表 2.27。

（3）将 $JK$ 触发器的 $J$、$K$ 端连在一起，构成 $T$ 触发器，如图 2.40(a)所示，令 $T=1$ 则构成了 $T'$ 触发器，如图 2.40(b)所示。

在 $CP$ 端输入 1 Hz 连续脉冲，观察 $Q$ 端的变化；在 $CP$ 端输入 1 kHz 连续脉冲，用双踪示波器观察 $CP$、$Q$、$\bar{Q}$ 端波形，注意相位关系，描绘之。

表 2.27　*JK* 触发器功能测试表

| $J$ | $K$ | $CP$ | $Q^{n+1}$ | |
|:---:|:---:|:---:|:---:|:---:|
| | | | $Q^n=0$ | $Q^n=1$ |
| 0 | 0 | $0\rightarrow1$ | | |
| | | $1\rightarrow0$ | | |
| 0 | 1 | $0\rightarrow1$ | | |
| | | $1\rightarrow0$ | | |
| 1 | 0 | $0\rightarrow1$ | | |
| | | $1\rightarrow0$ | | |
| 1 | 1 | $0\rightarrow1$ | | |
| | | $1\rightarrow0$ | | |

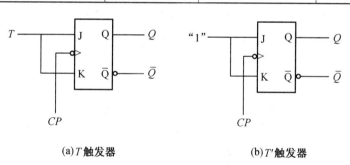

(a)$T$ 触发器　　　　　(b)$T'$ 触发器

图 2.40　*JK* 触发器转换为 $T$、$T'$ 触发器

## 2. 测试双 *D* 触发器 74LS74 的逻辑功能

（1）测试 $D$ 触发器的逻辑功能，观察触发器状态更新是否发生在 $CP$ 脉冲的上升沿（即由 $0\rightarrow1$），测试结果记入表 2.28。

表 2.28  D 触发器功能测试表

| D | CP | $Q^{n+1}$ | |
| --- | --- | --- | --- |
| | | $Q^n = 0$ | $Q^n = 1$ |
| 0 | 0→1 | | |
| | 1→0 | | |
| 1 | 0→1 | | |
| | 1→0 | | |

（2）将 D 触发器的 $\overline{Q}$ 端与 D 端相连接，构成 $T'$ 触发器，电路如图 2.41 所示。测试，记录。

（3）将 JK 触发器转换成 D 触发器，参考电路如图 2.42 所示。

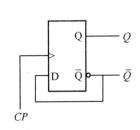

图 2.41  D 触发器转成 $T'$ 触发器　　　　图 2.42  JK 触发器转成 D 触发器

### 3. 双相时钟脉冲电路

用 JK 触发器及与非门构成的双相时钟脉冲电路如图 2.44 所示，此电路是用来将时钟脉冲 CP 转换成两相时钟脉冲 $CP_A$ 及 $CP_B$，其频率相同、相位不同。

分析电路工作原理，并按图 2.43 接线，用双踪示波器同时观察 $CP,CP_A$；$CP,CP_B$ 及 $CP_A$，$CP_B$ 波形，并描绘之。

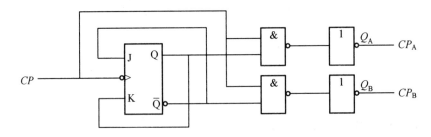

图 2.43  双相时钟脉冲电路

## 2.7.6  实验注意事项

（1）注意边沿型触发器的触发工作沿，上升沿与下降沿触发的区别。

（2）注意键控单脉冲触发时可能存在"抖动"现象。

### 2.7.7　实验思考题

(1)74LS112 是否存在一次变化问题？为什么？

(2)74LS112 和 74LS74 的时钟触发条件有什么不同？

(3)给出用与非门将 $D$ 触发器转换成 $JK$ 触发器的设计过程。

### 2.7.8　实验报告要求

(1)根据各实验内容要求,设计并画出相应逻辑电路图。

(2)根据所测数据,列状态表、画出状态转换图分析各电路功能。

# 2.8　实验八　用集成触发器构成计数器

### 2.8.1　实验目的

(1)掌握计数器的工作原理。

(2)学会用集成触发器构成计数器。

(3)进一步熟悉集成触发器的功能及应用。

### 2.8.2　实验预习要求

(1)复习 $D$ 触发器的逻辑功能,复习 74LS74 的引脚排列。

(2)复习 $JK$ 触发器的逻辑功能,复习 74LS112 的引脚排列。

(3)复习计数器工作原理及设计方法。

### 2.8.3　实验仪器与器件

(1)数字万用表:1 块；

(2)数字实验箱:1 个；

(3)双 $D$ 触发器 74LS74:2 片；

(4)双 $JK$ 触发器 74LS112:2 片。

### 2.8.4　实验原理

计数器是一个用以实现计数功能的时序部件,它不仅可用来计脉冲数,还常用作数字系统的定时、分频和执行数字运算及其他特定的逻辑功能。

计数器种类很多。根据构成计数器中的各触发器是否使用一个时钟脉冲源来分,有同步计数器和异步计数器。根据计数制的不同,分为二进制计数器,十进制计数器和任意进制计数器。根据计数的增减趋势,又分为加法、减法和可逆计数器,还有可预置数和可编程序功能计数器等。计数器的容量也称模,一个计数器的状态数等于其模数。目前,无论是 TTL 还是 CMOS 集成电路,都有品种较齐全的中规模集成计数器。使用者只要借助器件手册提供的功能表和工作波形图,以及引出端的排列,就能正确地运用这些器件。

图 2.45 是用四只 $D$ 触发器构成的四位二进制异步加法计数器,它的连接特点是将每只 $D$ 触发器接成 $T'$ 触发器,再由低位触发器的 $\overline{Q}$ 端和高一位的 $CP$ 端相连接。

若将图 2.44 稍加改动,即将低位触发器的 $Q$ 端与高一位的 $CP$ 端相连接,即构成了一个 4 位二进制减法计数器。

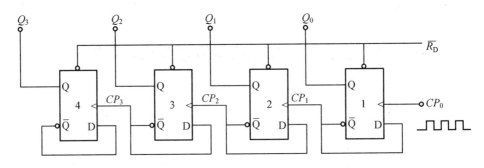

图 2.44　四位二进制异步加法计数器

还可用 $JK$ 触发器构成四位二进制异步加法计数器电路,如图 2.45 所示。

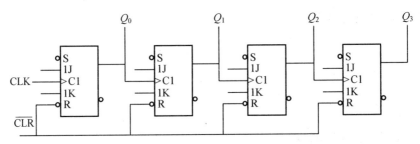

图 2.45　四位二进制异步加法计数器

为了提高计数速度,可采用同步计数器。其特点是,计数脉冲作为时钟信号同时接于各位触发器的时钟脉冲输入端,在每次时钟脉冲到来之前,根据当前计数状态,利用组合逻辑控制,准备好适当的条件。当时钟脉冲沿到来时,所有应翻转的触发器同时翻转,同时也使所有应保持原状态的触发器不改变状态。

同步计数器既可用 $T$ 触发器构成,也可用 $T'$ 触发器构成。如果用 $T$ 触发器构成,则每次计数脉冲到达时应使该翻转的那些触发器输入控制端 $T_i=1$,不该翻转的 $T_i=0$。因此,第 $i$ 位触发器输入端的逻辑式应为

$$T_i = Q_{i-1} \cdot Q_{i-2} \cdots \cdots Q_1 \cdot Q_0 = \prod_{j=0}^{i-1} Q_j \quad (i=1,2,\cdots,n-1)$$

### 2.8.5　实验内容

(1)用双 $D$ 触发器 74LS74 构成四位二进制异步加法计数器,参照图 2.45 在实验箱接线,拟定测试表格,接入计数脉冲,输出端接逻辑电平显示发光二极管或数码管,记录测试结果。

(2)用双 $JK$ 触发器 74LS112 构成四位二进制异步加法计数器,参照图 2.46 在实验箱接线,拟定测试表格,接入计数脉冲,输出端接逻辑电平显示发光二极管或数码管,记录测试结果。

(3)用双 $JK$ 触发器 74LS112 构成十进制同步加法计数器,画出电路图,在实验箱接线测试。

### 2.8.6　实验注意事项

(1)注意用触发器构成计数器时,同步与异步的区别。

(2)注意异步计数器的输出延时对电路的影响。

### 2.8.7　实验思考题

(1)异步计数器和同步计数器有什么不同?

(2)如果用 74LS74 构成四位二进制同步加法计数器,该如何实现?

(3)如何用 74LS112 实现异步十进制加法计数器?

### 2.8.8　实验报告要求

(1)根据各实验内容要求,设计并画出相应的逻辑电路图。

(2)根据所测数据,列状态表、画出状态转换图,并分析各电路功能。

## 2.9　实验九　中规模集成计数器的功能测试

### 2.9.1　实验目的

(1)掌握中规模集成计数器的使用。

(2)掌握运用集成计数器构成 $1/N$ 分频器的方法。

### 2.9.2　实验预习要求

(1)复习 74LS161 的工作原理,查阅相关资料。

(2)复习用中规模集成计数器构成任意进制计数器的方法。

### 2.9.3　实验仪器与器件

(1)数字万用表:1 块;

(2)数字实验箱:1 个;

(3)同步 4 位二进制计数器 74LS161:1 片;

(4)74LS00:1 片;

(5)74LS20:1 片。

### 2.9.4　实验原理

74LS161(74HC161)是可预置同步 4 位二进制计数器,具有异步清零和同步置数功能,其引脚排列及逻辑符号如图 2.46 所示。

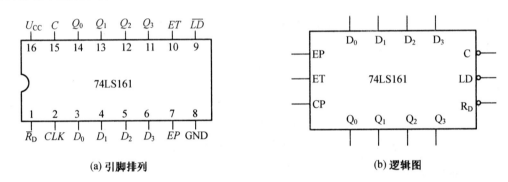

(a) 引脚排列　　　　　　　　　　　　　　　(b) 逻辑图

图 2.46　74LS161 引脚排列和逻辑图

$\overline{LD}$—预置数端;$CLK$—计数端输入;$EP$,$ET$—控制端;$C$—进位输出端;$D_0$、$D_1$、$D_2$、$D_3$—

预置数输入端;$Q_0$、$Q_1$、$Q_2$、$Q_3$—数据输出端;$\overline{R_D}$—清除端

74LS161 的功能见表 2.29。

表 2.29　74LS161 的功能表

| 输　　　　入 | | | | 功　　能 |
|:---:|:---:|:---:|:---:|:---:|
| $\overline{R_D}$ | $\overline{LD}$ | $EP$ | $ET$ | |
| 0 | × | × | × | 清　0 |
| 1 | 0 | × | × | 预置数 |
| 1 | 1 | 1 | 1 | 计　数($CLK$↑) |
| 1 | 1 | 0 | 1 | 不变 |
| 1 | 1 | 1 | 0 | 不变 |

**1. 计数器的级联使用**

一个十六进制计数器只能表示 $0 \sim F$ 十六个数,为了扩大计数器范围,常用多个进制计数

器级联使用。

同步计数器往往设有进位输出端,故可选用其进位输出信号驱动下一级计数器。

图 2.47 是由 74LS161 利用进位输出 $C$ 控制高一位的 $CP$ 端构成的加数级联图,实现了 00H ~0FFH 计数。

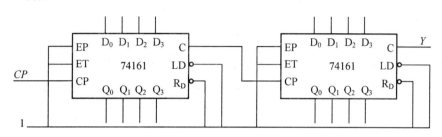

图 2.47　74LS161 级联电路

**2. 实现任意进制计数**

(1) 反馈清零法。

反馈清零法适用于有清零输入端的集成计数器。74LS161 具有异步清零功能,在计数过程中,不管它的输出处于哪一状态,只要在异步清零输入端加一低电平信号,使$\overline{R}_D = 0$,74LS161 的输出会立即从那个状态回到 0000 状态。清零信号消失后,74LS161 又从 0000 状态开始重新计数。假定已有 $N$ 进制计数器,而需要得到一个 $M$ 进制计数器时,只要$M<N$,就可以用一片集成计数器和相应的与非门来实现。用复位法使计数器计数到 $M$ 时置"0",即获得 $M$ 进制计数器。图 2.48 所示为一个由 74LS161 十六进制计数器用复位法接成的十进制计数器,有效状态转换图如图 2.49 所示。用此方法可实现 $F$ 以内的任意进制计数器。如果 $M>N$,则需要将多片集成计数器进行级联构成 $N×N$ 进制计数器,再用整体清零法得到 $M$ 进制计数器。如果 $M$ 能够分解为 $M_1×M_2$,并且满足 $M_1<N, M_2<N$,则先分别设计 $M_1$ 进制计数器和 $M_2$ 进制计数器,再用级联的方法得到 $M$ 进制计数器。

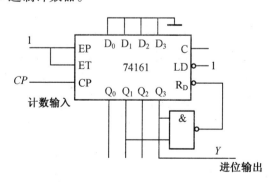

图 2.48　用异步清零法实现十进制计数器

(2) 反馈置数法。

反馈置数法适用于具有预置数功能的集成计数器。对于具有同步置数功能的计数器,在

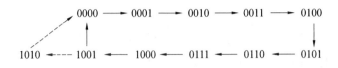

图 2.49　图 2.49 的有效状态转换图

其计数过程中,可以将它输出的任何一个状态通过译码,产生一个预置控制信号反馈至预置控制端,在下一个 *CLK* 脉冲作用后,计数器就会把预置数据输入端 $D_3$,$D_2$,$D_1$,$D_0$ 的状态置入计数器。预置控制信号消失后,计数器就从被置入的状态开始重新计数。图 2.50 为用一个 74LS161 构成的 12 进制计数器,预置数据输入端 $D_3$、$D_2$、$D_1$、$D_0$ 的状态置为 0000,有效状态图如图 2.51 所示。

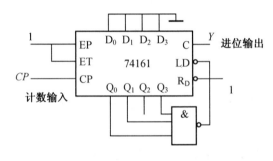

图 2.50　用预置数法实现 12 进制计数器

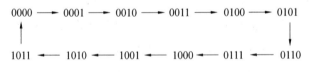

图 2.51　图 2.50 的有效状态转换图

## 2.9.5　实验内容

### 1. 测试 74LS161 的功能

74LS161 的引脚功能如图 2.47 所示,计数控制端 *EP*、*ET* 接高电平"1",$\overline{LD}$、$\overline{R}_D$、$D_3 \sim D_0$ 接至逻辑开关输出插口,将低位 *CP* 端接单次脉冲源,输出端 $Q_3$,$Q_2$,$Q_1$,$Q_0$ 接逻辑电平显示输入插口。变换逻辑开关状态,对照功能表测试 74LS161 的逻辑功能,将测试结果填入表 2.30。

表 2.30　74LS161 的功能测试表

| *CLK* | $\overline{R}_D$ | $\overline{LD}$ | *EP* | *ET* | 工作状态 |
|:---:|:---:|:---:|:---:|:---:|:---:|
| × | 0 | × | × | × | |
| ↑ | 1 | 0 | × | × | |
| × | 1 | 1 | 0 | 1 | |
| × | 1 | 1 | × | 0 | |
| ↑ | 1 | 1 | 1 | 1 | |

**2. 用 74LS161 设计任意进制(六进制)计数器(分别用异步清零法与同步置数法)**

分别用异步清零法和同步置数法设计六进制计数器,画出实验用电路图及计数器状态转换图。可参考图 2.52 所示电路。

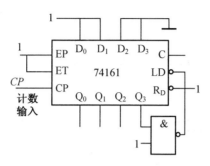

图 2.52　用 74LS161 构成的六进制计数器

**3. 用两片 74LS161 设计二十四进制计数器(用整体置数法)**

用两片 74LS161 和相应的与非门设计二十四进制计数器,先将两片 74LS161 接成一百进制计数器,在此基础上,借助同步置数功能在第 23 个计数脉冲作用后,计数器输出为 0010 0011 状态(十进制数 23),借助与非门给两片 74LS161 的同步置数端提供一低电平,待下一个计数脉冲到来时,计数器返回到 0000 0000 状态。学生自行设计电路图,并制定测试方案。

### 2.9.6　实验注意事项

(1)注意 74161 中同步置数端与异步置零端的用法及区别。

(2)注意异步清零法设计计数器存在的问题及解决办法。

### 2.9.7　实验思考题

(1)用异步清零法时应注意什么问题? 如何保证电路的可靠性?

(2)用整体置零法如何设计二十四进制计数器?

(3)给定 74LS161 和必要的与非,还有哪些方法可以获得二十四进制计数器?

### 2.9.8　实验报告要求

(1)根据各实验内容要求,设计并画出相应逻辑电路图。

(2)根据所测数据,列状态表、画出状态转换图,并分析各电路功能。

# 2.10　实验十　移位寄存器及其应用

## 2.10.1　实验目的

(1)熟悉中规模 4 位双向移位寄存器逻辑功能及使用方法。

(2)熟悉用移位寄存器实现数据的串行、并行转换的方法。

(3)学会用移位寄存器构成环形计数器。

### 2.10.2　实验预习要求

(1)复习有关寄存器及串行、并行转换器有关内容。

(2)查阅 CC40194 和 74LS194 逻辑电路,熟悉其逻辑功能及引脚排列。

(3)复习环形计数器的设计方法。

### 2.10.3　实验仪器与器件

(1)双踪示波器:一台;

(2)数字万用表:1 块;

(3)直流稳压电源:1 台;

(4)数字实验箱:1 个;

(5)4 位双向通用移位寄存器 74LS194:2 片;

(6)TTL 四 2 输入与非门 74LS00:1 片。

### 2.10.4　实验原理

移位寄存器是一个具有移位功能的寄存器,是指寄存器中所存的代码能够在移位脉冲的作用下依次左移或右移。既能左移又能右移的称为双向移位寄存器,只需要改变左、右移的控制信号便可实现双向移位要求。根据移位寄存器存取信息的方式不同分为:串入串出、串入并出、并入串出、并入并出四种形式。

本实验选用的 4 位双向通用移位寄存器,型号为 CC40194 或 74LS194,两者功能相同,可互换使用,其逻辑符号及引脚排列如图 2.53 所示。

其中 $D_0$,$D_1$,$D_2$,$D_3$ 为并行输入端;$Q_0$,$Q_1$,$Q_2$,$Q_3$ 为并行输出端;$S_R$ 为右移串行输入端;$S_L$ 为左移串行输入端;$S_1$,$S_0$ 为操作模式控制端;$\overline{C}_R$ 为直接无条件清零端;$CP$ 为时钟脉冲输入端。

CC40194 有 5 种不同操作模式:即并行送数寄存,右移(方向由 $Q_0 \rightarrow Q_3$),左移(方向由 $Q_3 \rightarrow Q_0$),保持及清零。

$S_1$,$S_0$ 和 $\overline{C}_R$ 端的控制作用见表 2.31。

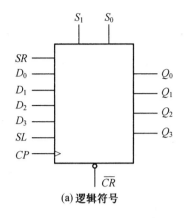

(a) 逻辑符号

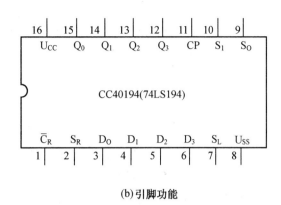

(b) 引脚功能

图 2.53 CC40194 的逻辑符号及引脚功能

表 2.31 CC40194 功能表

| 功能 | 输入 | | | | | | | | | 输出 | | | |
|---|---|---|---|---|---|---|---|---|---|---|---|---|---|
| | $CP$ | $\overline{C}_R$ | $S_1$ | $S_0$ | $S_R$ | $S_L$ | $D_0$ | $D_1$ | $D_2$ | $D_3$ | $Q_0$ | $Q_1$ | $Q_2$ | $Q_3$ |
| 清除 | × | 0 | × | × | × | × | × | × | × | × | 0 | 0 | 0 | 0 |
| 送数 | ↑ | 1 | 1 | 1 | × | × | $a$ | $b$ | $c$ | $d$ | $a$ | $b$ | $c$ | $d$ |
| 右移 | ↑ | 1 | 0 | 1 | $D_{SR}$ | × | × | × | × | × | $D_{SR}$ | $Q_0$ | $Q_1$ | $Q_2$ |
| 左移 | ↑ | 1 | 1 | 0 | × | $D_{SL}$ | × | × | × | × | $Q_1$ | $Q_2$ | $Q_3$ | $D_{SL}$ |
| 保持 | ↑ | 1 | 0 | 0 | × | × | × | × | × | × | $Q_0^n$ | $Q_1^n$ | $Q_2^n$ | $Q_3^n$ |
| 保持 | ↓ | 1 | × | × | × | × | × | × | × | × | $Q_0^n$ | $Q_1^n$ | $Q_2^n$ | $Q_3^n$ |

移位寄存器应用很广,可构成移位寄存器型计数器、顺序脉冲发生器、串行累加器,可用作数据转换,即把串行数据转换为并行数据,或把并行数据转换为串行数据等。本实验研究移位寄存器用作环形计数器和数据的串、并行转换。

**1. 环形计数器**

把移位寄存器的输出反馈到它的串行输入端,就可以进行循环移位,如图 2.54 所示。把输出端 $Q_3$ 和右移串行输入端 $S_R$ 相连接,设初始状态 $Q_0Q_1Q_2Q_3 = 1000$,则在时钟脉冲作用下 $Q_0Q_1Q_2Q_3$ 将依次变为 0100→0010→0001→1000→…,见表 2.32,可见它是一个具有四个有效状态的计数器,这种类型的计数器通常称为环形计数器。图 2.54 电路可以由各个输出端输出在时间上有先后顺序的脉冲,因此也可作为顺序脉冲发生器。

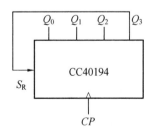

图 2.54 环形计数器

表 2.32　状态转换表

| CP | $Q_0$ | $Q_1$ | $Q_2$ | $Q_3$ |
|----|-------|-------|-------|-------|
| 0  | 1     | 0     | 0     | 0     |
| 1  | 0     | 1     | 0     | 0     |
| 2  | 0     | 0     | 1     | 0     |
| 3  | 0     | 0     | 0     | 1     |

如果将输出 $Q_0$ 与左移串行输入端 $S_L$ 相连接,即可达到左移循环移位。

**2. 实现数据串、并行转换**

(1)串行/并行转换器。

串行/并行转换是指串行输入的数码经转换电路之后变换成并行输出。

图 2.56 是用两片 CC40194(74LS194)四位双向移位寄存器组成的七位串/并行数据转换电路。

电路中 $S_0$ 端接高电平"1", $S_1$ 受 $Q_7$ 控制,两片寄存器连接成串行输入右移工作模式。 $Q_7$ 是转换结束标志。当 $Q_7 = 1$ 时, $S_1$ 为 0,使之成为 $S_1 S_0 = 01$ 的串入右移工作方式;当 $Q_7 = 0$ 时, $S_1 = 1$,有 $S_1 S_0 = 10$,则串行送数结束,标志着串行输入的数据已转换成并行输出了。

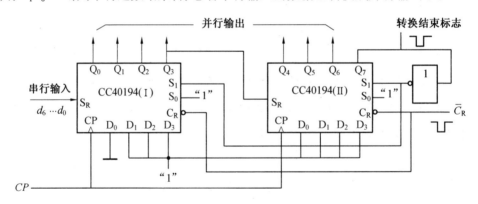

图 2.55　七位串行/并行转换器

串行/并行转换的具体过程如下:

转换前, $\overline{C}_R$ 端加低电平,使 1、2 两片寄存器的内容清 0,此时 $S_1 S_0 = 11$,寄存器执行并行输入工作方式。当第一个 CP 脉冲到来后,寄存器的输出状态 $Q_0 \sim Q_7$ 为 01111111,与此同时 $S_1 S_0$ 变为 01,转换电路变为执行串入右移工作方式,串行输入数据由 1 片的 $S_R$ 端加入。随着 CP 脉冲的依次加入,输出状态的变化可列成表 2.33。

表2.33 串行/并行转换输出状态表

| CP | $Q_0$ | $Q_1$ | $Q_2$ | $Q_3$ | $Q_4$ | $Q_5$ | $Q_6$ | $Q_7$ | 说明 |
|---|---|---|---|---|---|---|---|---|---|
| 0 | 0 | 0 | 0 | 0 | 0 | 0 | 0 | 0 | 清零 |
| 1 | 0 | 1 | 1 | 1 | 1 | 1 | 1 | 1 | 送数 |
| 2 | $d_0$ | 0 | 1 | 1 | 1 | 1 | 1 | 1 | 右 |
| 3 | $d_1$ | $d_0$ | 0 | 1 | 1 | 1 | 1 | 1 | 移 |
| 4 | $d_2$ | $d_1$ | $d_0$ | 0 | 1 | 1 | 1 | 1 | 操 |
| 5 | $d_3$ | $d_2$ | $d_1$ | $d_0$ | 0 | 1 | 1 | 1 | 作 |
| 6 | $d_4$ | $d_3$ | $d_2$ | $d_1$ | $d_0$ | 0 | 1 | 1 | 七 |
| 7 | $d_5$ | $d_4$ | $d_3$ | $d_2$ | $d_1$ | $d_0$ | 0 | 1 | 次 |
| 8 | $d_6$ | $d_5$ | $d_4$ | $d_3$ | $d_2$ | $d_1$ | $d_0$ | 0 | |
| 9 | 0 | 1 | 1 | 1 | 1 | 1 | 1 | 1 | 送数 |

由表2.33可见,右移操作七次之后,$Q_7$变为0,$S_1S_0$又变为11,说明串行输入结束。这时,串行输入的数码已经转换成了并行输出了。

当再来一个$CP$脉冲时,电路又重新执行一次并行输入,为第二组串行数码转换做好准备。

(2)并行/串行转换器。

并行/串行转换器是指并行输入的数码经转换电路之后换成串行输出。

图2.56是用两片CC40194(74LS194)组成的七位并行/串行转换电路,它比图2.56多了两只与非门$G_1$和$G_2$,电路工作方式同样为右移。

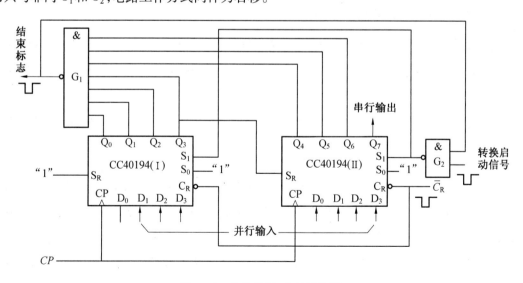

图2.56 七位并行/串行转换器

寄存器清"0"后,加一个转换启动信号(负脉冲或低电平)。此时,由于方式控制$S_1S_0$为11,转换电路执行并行输入操作。当第一个$CP$脉冲到来后,$Q_0Q_1Q_2Q_3Q_4Q_5Q_6Q_7$的状态为$0D_1$ $D_2D_3D_4D_5D_6D_7$,并行输入数码存入寄存器。从而使得$G_1$输出为"1",$G_2$输出为"0",结果$S_1S_2$

变为01,转换电路随着$CP$脉冲的加入,开始执行右移串行输出,随着$CP$脉冲的依次加入,输出状态依次右移,待右移操作七次后,$Q_0 \sim Q_6$的状态都为高电平"1",与非门$G_1$输出为低电平,$G_2$门输出为高电平,$S_1 S_2$又变为11,表示并/串行转换结束,且为第二次并行输入创造了条件。转换过程见表2.34。

表 2.34　并行/串行转换输出状态表

| $CP$ | $Q_0$ | $Q_1$ | $Q_2$ | $Q_3$ | $Q_4$ | $Q_5$ | $Q_6$ | $Q_7$ | 串　行　输　出 | | | | | | |
|---|---|---|---|---|---|---|---|---|---|---|---|---|---|---|---|
| 0 | 0 | 0 | 0 | 0 | 0 | 0 | 0 | 0 | | | | | | | |
| 1 | 0 | $D_1$ | $D_2$ | $D_3$ | $D_4$ | $D_5$ | $D_6$ | $D_7$ | | | | | | | |
| 2 | 1 | 0 | $D_1$ | $D_2$ | $D_3$ | $D_4$ | $D_5$ | $D_6$ | $D_7$ | | | | | | |
| 3 | 1 | 1 | 0 | $D_1$ | $D_2$ | $D_3$ | $D_4$ | $D_5$ | $D_6$ | $D_7$ | | | | | |
| 4 | 1 | 1 | 1 | 0 | $D_1$ | $D_2$ | $D_3$ | $D_4$ | $D_5$ | $D_6$ | $D_7$ | | | | |
| 5 | 1 | 1 | 1 | 1 | 0 | $D_1$ | $D_2$ | $D_3$ | $D_4$ | $D_5$ | $D_6$ | $D_7$ | | | |
| 6 | 1 | 1 | 1 | 1 | 1 | 0 | $D_1$ | $D_2$ | $D_3$ | $D_4$ | $D_5$ | $D_6$ | $D_7$ | | |
| 7 | 1 | 1 | 1 | 1 | 1 | 1 | 0 | $D_1$ | $D_2$ | $D_3$ | $D_4$ | $D_5$ | $D_6$ | $D_7$ | |
| 8 | 1 | 1 | 1 | 1 | 1 | 1 | 1 | 0 | $D_1$ | $D_2$ | $D_3$ | $D_4$ | $D_5$ | $D_6$ | $D_7$ |
| 9 | 0 | $D_1$ | $D_2$ | $D_3$ | $D_4$ | $D_5$ | $D_6$ | $D_7$ | | | | | | | |

中规模集成移位寄存器,其位数往往以4位居多,当需要的位数多于4位时,可把几片移位寄存器用级连的方法来扩展位数。

### 2.10.5　实验内容

#### 1. 测试 74LS194 的逻辑功能

按图接线,$\overline{C}_R, S_1, S_0, S_L, S_R, D_0, D_1, D_2, D_3$分别接至逻辑开关的输出插口;$Q_0, Q_1, Q_2, Q_3$接至逻辑电平显示输入插口;$CP$端接单次脉冲源。按表2.35所规定的输入状态,逐项进行测试。

①清除:令$\overline{C}_R = 0$,其他输入均为任意态,这时寄存器输出$Q_0, Q_1, Q_2, Q_3$应均为"0"。清除后,置$\overline{C}_R = 1$。

②送数:令$\overline{C}_R = S_1 = S_0 = 1$,送入任意4位二进制数,如$D_0 D_1 D_2 D_3 = abcd$,加$CP$脉冲,观察$CP = 0$、$CP$由$0 \rightarrow 1$、$CP$由$1 \rightarrow 0$三种情况下寄存器输出状态的变化,观察寄存器输出状态变化是否发生在$CP$脉冲的上升沿。

③右移:清零后,令$\overline{C}_R = 1, S_1 = 0, S_0 = 1$,由右移输入端$S_R$送入二进制数码如0100,由$CP$端连续加4个脉冲,观察输出情况,记录之。

④左移:先清零或预置,再令$\overline{C}_R = 1, S_1 = 1, S_0 = 0$,由左移输入端$S_L$送入二进制数码如1111,连续加四个$CP$脉冲,观察输出端情况,记录之。

⑤保持:寄存器预置任意4位二进制数码$abcd$,令$\overline{C}_R = 1, S_1 = S_0 = 0$,加$CP$脉冲,观察寄存

器输出状态,记录之。

**表 2.35　74LS194 逻辑功能测试表**

| 清除 | 模 式 | | 时钟 | 串 行 | | 输 入 | 输 出 | 功能总结 |
| --- | --- | --- | --- | --- | --- | --- | --- | --- |
| $\overline{C_R}$ | $S_1$ | $S_0$ | $CP$ | $S_L$ | $S_R$ | $D_0 D_1 D_2 D_3$ | $Q_0 Q_1 Q_2 Q_3$ | |
| 0 | × | × | × | × | × | × × × × | | |
| 1 | 1 | 1 | ↑ | × | × | $a\ b\ c\ d$ | | |
| 1 | 0 | 1 | ↑ | × | 0 | × × × × | | |
| 1 | 0 | 1 | ↑ | × | 1 | × × × × | | |
| 1 | 0 | 1 | ↑ | × | 0 | × × × × | | |
| 1 | 0 | 1 | ↑ | × | 0 | × × × × | | |
| 1 | 1 | 0 | ↑ | 1 | × | × × × × | | |
| 1 | 1 | 0 | ↑ | 1 | × | × × × × | | |
| 1 | 1 | 0 | ↑ | 1 | × | × × × × | | |
| 1 | 1 | 0 | ↑ | 1 | × | × × × × | | |
| 1 | 0 | 0 | ↑ | × | × | × × × × | | |

**2. 环形计数器的设计**

自拟实验线路,用并行送数法预置寄存器为某二进制数码(如 0100),然后进行右移循环,观察寄存器输出端状态的变化,记入表 2.36 中。

**表 2.36　环形计数器测试表**

| $CP$ | $Q_0$ | $Q_1$ | $Q_2$ | $Q_3$ |
| --- | --- | --- | --- | --- |
| 0 | | | | |
| 1 | | | | |
| 2 | | | | |
| 3 | | | | |
| 4 | | | | |

**3. 扭环形计数器的设计**

自拟实验线路,预置寄存器为某二进制数码(如 0000),然后进行右移循环,观察寄存器输出端状态的变化,记入表 2.37 中。

表 2.37　扭环形计数器测试表

| $CP$ | $Q_0$ | $Q_1$ | $Q_2$ | $Q_3$ |
|---|---|---|---|---|
| 0 | | | | |
| 1 | | | | |
| 2 | | | | |
| 3 | | | | |
| 4 | | | | |
| 5 | | | | |
| 6 | | | | |
| 7 | | | | |
| 8 | | | | |

**4. 实现数据的串、并行转换**

（1）串行输入、并行输出。

参照图 2.56 接线,进行七位右移串行输入、并行输出实验,串行输入数码自定;改接线路用左移方式实现串行输入、并行输出。自拟表格,记录之。

（2）并行输入、串行输出。

参照图 2.57 接线,进行七位右移并行输入、串行输出实验,并行输入数码自定。再改接线路用左移方式实现串行输出。自拟表格,记录之。

## 2.10.6　实验注意事项

（1）注意左移与右移移位寄存器的区别。

（2）移位寄存器级联时注意高低位的正确连接。

## 2.10.7　实验思考题

（1）在对 CC40194 进行送数后,若要使输出端改成另外的数码,是否一定要使寄存器清零?

（2）使寄存器清零,除采用 $\overline{C_R}$ 输入低电平外,可否采用右移或左移的方法?可否使用并行送数法?

（3）若进行循环左移,图 2.57 接线应如何改接?

## 2.10.8　实验报告要求

（1）根据各实验内容要求,设计并画出相应逻辑电路图。

（2）根据测试结果,列出相应状态表、画出状态转换图,并分析各电路功能。

# 2.11  实验十一  顺序脉冲发生器及其应用

## 2.11.1  实验目的

(1)熟悉集成顺序脉冲发生器的使用方法及其应用。
(2)学习步进电动机的环形脉冲分配器的组成方法。

## 2.11.2  预习要求

(1)查阅实验中所用芯片的相关资料。
(2)复习有关顺序脉冲发生器的工作原理。
(3)按实验任务要求,设计实验线路,并拟定实验方案及步骤。

## 2.11.3  实验仪器与器件

(1)双踪示波器:1 台;
(2)直流稳压电源:1 台;
(3)数字万用表:1 块;
(4)数字实验箱:1 个;
(5)CC4017:2 片;
(6)CC4013:2 片;
(7)74HC112:2 片;
(8)74HC00:2 片;
(9)功率放大器:1 个;
(10)三相步进电机:一个。

## 2.11.4  实验原理

脉冲分配器的作用是产生多路顺序脉冲信号,因此也称顺序脉冲发生器。它可以由计数器和译码器构成,也可以由环形计数器构成。图 2.57 中 $CP$ 端上的系列脉冲经 $N$ 位二进制计数器和相应的译码器,可以转变为 $2^N$ 路顺序输出脉冲。

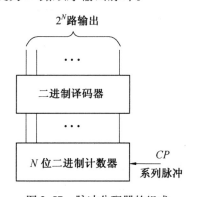

图 2.57  脉冲分配器的组成

### 1. 集成时序脉冲分配器 CC4017

CC4017 是 5 位 Johnson 计数器,具有 10 个译码输出,$CP$,$CR$,$INH$ 输入端。时钟输入端的施密特触发器具有脉冲整形功能,对输入时钟脉冲上升和下降时间无限制。$INH$ 位低电平时,计数器在时钟上升沿计数;反之,计数功能无效。$CR$ 位高电平时,计时器清零。Johnson 计数器提供了快速操作,2 输入译码选通和无毛刺译码输出,防锁选通,保证了正确的计数顺序。译码器输出一般为低电平,只有在对应时钟周期内保持高电平。

其逻辑符号及引脚功能如图 2.58 所示,功能见表 2.38。

CC4017 的输出波形如图 2.59 所示。

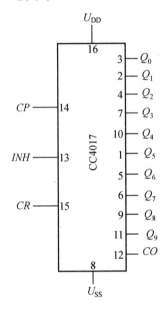

图 2.58 CC4017

$CO$—进位脉冲输出端;$CP$—时钟输入端;$CR$—清除端;$INH$—禁止端;

$Q_0 \sim Q_9$—计数脉冲输出端;$U_{DD}$—正电源;$U_{SS}$—地

表 2.38 CC4017 功能表

| 输 入 | | | 输 出 | |
|---|---|---|---|---|
| $CP$ | $INH$ | $CR$ | $Q_0 \sim Q_9$ | $CO$ |
| × | × | 1 | $Q_0$ | 计数脉冲为 $Q_0 \sim Q_4$ 时: $CO = 1$ |
| ↑ | 0 | 0 | 计 数 | |
| 1 | ↓ | 0 | 计 数 | |
| 0 | × | 0 | 计 数 | |
| × | 1 | 0 | 保 持 | 计数脉冲为 $Q_5 \sim Q_9$ 时: $CO = 0$ |
| ↓ | × | 0 | 保 持 | |
| × | ↑ | 0 | 保 持 | |

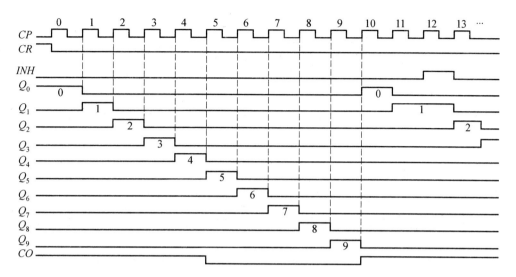

图 2.59  CC4017 的波形图

CC4013 由两个相同的、相互独立的 $D$ 触发器构成,上升沿触发。每个触发器有独立的数据、置位、复位、时钟输入和 $Q$ 及 $\bar{Q}$ 输出。此器件可用作移位寄存器,且通过将 $\bar{Q}$ 输出连接到数据输入,可用作计数器和触发器。在时钟上升沿触发时,加在 $D$ 输入端的逻辑电平传送到 $Q$ 输出端。置位和复位与时钟无关,而分别由置位或复位线上的高电平完成。

CC4017 应用十分广泛,可用于十进制计数、分频、$1/N$ 计数($N=2\sim10$ 只需用一块,$N>10$ 可用多块器件级连)。图 2.60 所示为由两片 CC4017 组成的 60 分频的电路。

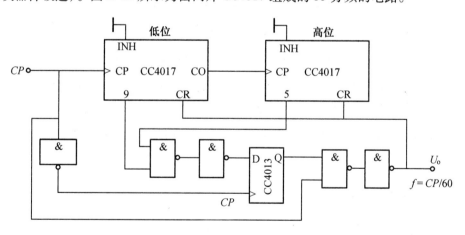

图 2.60  60 分频电路

### 2. 步进电动机的环形脉冲分配器

图 2.61 所示为某一三相步进电动机的驱动电路示意图。

A、B、C 分别表示步进电机的三相绕组。步进电机按三相六拍方式运行,即要求步进电机正转时,控制端 $X=1$,使电机三相绕组的通电顺序为

$$A \longrightarrow AB \longrightarrow B \longrightarrow BC \longrightarrow C \longrightarrow CA$$

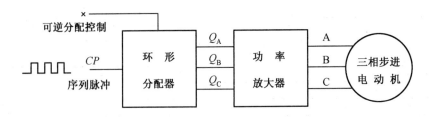

图2.61 三相步进电动机的驱动电路示意图

要求步进电机反转时,令控制端 $X=0$,三相绕组的通电顺序改为

$$A \longrightarrow AC \longrightarrow C \longrightarrow BC \longrightarrow B \longrightarrow AB$$

图2.62所示为由三个 *JK* 触发器构成的六拍通电方式的脉冲环形分配器,供参考。

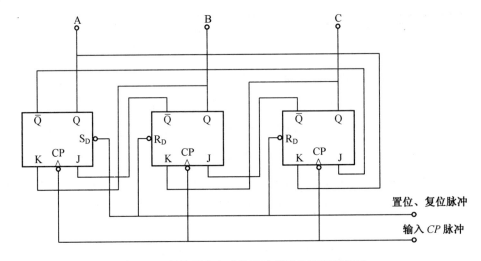

图2.62 六拍通电方式的脉冲环形分配器逻辑图

要使步进电机反转,通常应加有正转脉冲输入控制和反转脉冲输入控制端。

此外,由于步进电机三相绕组任何时刻都不得出现 A、B、C 三相同时通电或同时断电的情况,所以,脉冲分配器的三路输出不允许出现 111 和 000 两种状态,为此,可以给电路加初态预置环节。

### 2.11.5 实验内容

#### 1.CC4017 逻辑功能测试

(1)参照图2.59,*EN*、*CR* 接逻辑开关的输出插口,*CP* 接单次脉冲源,0~9十个输出端接至逻辑电平显示输入插口,按功能表要求操作各逻辑开关。清零后,连续送出10个脉冲信号,观察十个发光二极管的显示状态,并列表记录。

(2)*CP* 改接为 1 Hz 连续脉冲,观察记录输出状态。

#### 2.构成 60 分频电路

按图2.60线路接线,自拟实验方案验证60分频电路的正确性。

### 3. 构成环形分配器

参照图 2.63 的线路,设计一个用环形分配器构成的驱动三相步进电动机可逆运行的三相六拍环形分配器线路。要求:

(1)环形分配器用 74HC112 双 *JK* 触发器组成。

(2)由于电动机三相绕组在任何时刻都不应出现同时通电同时断电情况,在设计中要做到这一点。

(3)电路安装好后,先用手控送入 *CP* 脉冲进行调试,然后加入系列脉冲进行动态实验。

(4)整理数据、分析实验中出现的问题,作出实验报告。

## 2.11.6 实验注意事项

(1)注意用 74138 也可以构成时序脉冲分配器,分析其与 CC4017 的区别。

(2)注意本实验选取的芯片为 CMOS 电路,多余输入端不允许悬空。

## 2.11.7 实验思考题

(1)CC4017 有什么特点?

(2)用 74LS161 和 74LS138 设计一 16 位顺序脉冲发生器。

## 2.11.8 实验报告要求

(1)根据各实验内容要求,设计并画出相应逻辑电路图。

(2)根据所测数据,画出时序图,并分析各电路功能。

# 2.12 实验十二 集成定时器 555

## 2.12.1 实验目的

(1)熟悉 555 型集成时基电路结构、工作原理及其特点。

(2)掌握 555 型集成时基电路的基本应用。

## 2.12.2 实验预习要求

(1)复习有关 555 定时器的工作原理及其应用。

(2)复习单稳态触发器、施密特触发器的工作原理及应用。

(3)拟定各次实验的步骤和方法。

## 2.12.3 实验仪器与器件

(1)双踪示波器:1 台;

（2）数字万用表:1 块;

（3）数字电子实验箱:1 个;

（4）集成定时器 NE555:1 片;

（5）电阻:若干;

（6）电容:若干;

（7）二极管等:若干。

### 2.12.4　实验原理

集成时基电路又称为集成定时器或 555 电路,是一种数字、模拟混合型的中规模集成电路,应用十分广泛。它是一种产生时间延迟和多种脉冲信号的电路,由于内部电压标准使用了三个 5 kΩ 电阻,故取名 555 电路。其电路类型有双极型和 CMOS 型两大类,二者的结构与工作原理类似。几乎所有的双极型产品型号最后的三位数码都是 555 或 556;所有的 CMOS 产品型号最后四位数码都是 7555 或 7556,二者的逻辑功能和引脚排列完全相同,易于互换。555 和 7555 是单定时器。556 和 7556 是双定时器。双极型的电源电压 $U_{CC}$ = +5 ~ +15 V,输出的最大电流可达 200 mA,CMOS 型的电源电压为 +3 ~ +18 V。

**1.555 电路的工作原理**

555 电路的内部电路方框图如图 2.63 所示。它含有两个电压比较器,一个基本 $RS$ 触发器,一个放电开关管 T,比较器的参考电压由三只 5 kΩ 的电阻器构成的分压器提供。它们分别使高电平比较器 $A_1$ 的同相输入端和低电平比较器 $A_2$ 的反相输入端的参考电平为 $\frac{2}{3}U_{CC}$ 和 $\frac{1}{3}U_{CC}$。$A_1$ 与 $A_2$ 的输出端控制 $RS$ 触发器状态和放电管开关状态。当输入信号自 6 脚,即高电平触发输入并超过参考电平 $\frac{2}{3}U_{CC}$ 时,触发器复位,555 的输出端 3 脚输出低电平,同时放电开关管导通;当输入信号自 2 脚输入并低于 $\frac{1}{3}U_{CC}$ 时,触发器置位,555 的 3 脚输出高电平,同时放电开关管截止。

$\overline{R}_D$ 是复位端(4 脚),当 $\overline{R}_D$ =0,555 输出低电平。平时 $\overline{R}_D$ 端开路或接 $U_{CC}$。

$u_C$ 是控制电压端(5 脚),平时输出 $\frac{2}{3}U_{CC}$ 作为比较器 $A_1$ 的参考电平,当 5 脚外接一个输入电压,即改变了比较器的参考电平,从而实现对输出的另一种控制。在不接外加电压时,通常接一个 0.01 μF 的电容器到地,起滤波作用,消除外来的干扰,确保参考电平的稳定。

T 为放电管,当 T 导通时,将给接于脚 7 的电容器提供低阻放电通路。

555 定时器主要是与电阻、电容构成充放电电路,并由两个比较器来检测电容器上的电压,以确定输出电平的高低和放电开关管的通断。这就很方便地构成从微秒到数十分钟的延时电路,可方便地构成单稳态触发器、多谐振荡器、施密特触发器等电路。

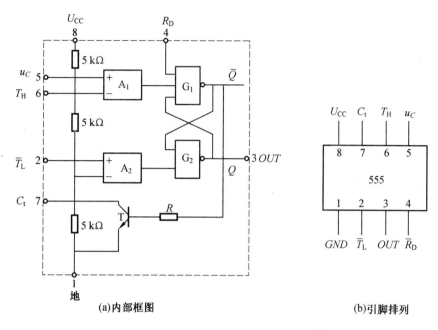

图 2.63　555 定时器内部框图及引脚排列

**2.555 定时器的典型应用**

（1）构成单稳态触发器

图 2.64（a）为由 555 定时器和外接定时元件 $R$, $C$ 构成的单稳态触发器。触发电路由 $C_1$, $R_1$, D 构成,其中 D 为钳位二极管,稳态时 555 电路输入端处于电源电平,内部放电开关管 T 导通,输出端 F 输出低电平,当有一个外部负脉冲触发信号经 $C_1$ 加到 2 端。并使 2 端电位瞬时低于 $\frac{1}{3}U_{CC}$,低电平比较器动作,单稳态电路即开始一个暂态过程,电容 $C$ 开始充电,$u_c$ 按指数规律增长。当 $u_c$ 充电到 $\frac{2}{3}U_{CC}$ 时,高电平比较器动作,比较器 $A_1$ 翻转,输出 $u_o$ 从高电平返回低电平,放电开关管 $T$ 重新导通,电容 $C$ 上的电荷很快经放电开关管放电,暂态结束,恢复稳态,为下个触发脉冲的来到做好准备。波形图如图 2.64（b）所示。

暂稳态的持续时间 $t_w$（即为延时时间）决定于外接元件 $R$, $C$ 值的大小。

$$t_w = 1.1RC$$

通过改变 $R$, $C$ 的大小,可使延时时间在几个微秒到几十分钟之间变化。当这种单稳态电路作为计时器时,可直接驱动小型继电器,并可以使用复位端（4 脚）接地的方法来中止暂态,重新计时。此外尚须用一个续流二极管与继电器线圈并接,以防继电器线圈反电势损坏内部功率管。

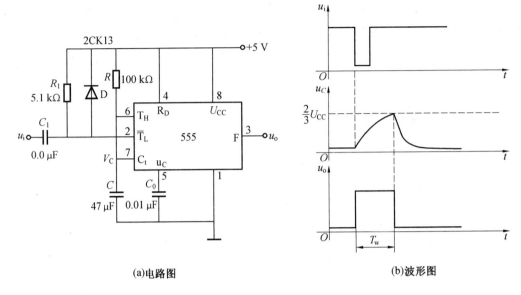

(a)电路图        (b)波形图

图 2.64   单稳态触发器

（2）构成多谐振荡器

如图 2.65（a）所示，由 555 定时器和外接元件 $R_1$，$R_2$，$C$ 构成多谐振荡器，脚 2 与脚 6 直接相连。电路没有稳态，仅存在两个暂稳态，电路亦不需要外加触发信号，利用电源通过 $R_1$，$R_2$ 向 $C$ 充电，以及 $C$ 通过 $R_2$ 向放电端 $C_t$ 放电，使电路产生振荡。电容 $C$ 在 $\frac{1}{3} U_{CC}$ 和 $\frac{2}{3} U_{CC}$ 之间充电和放电，其波形如图 2.65（b）所示。输出信号的时间参数是

$$T = t_{w1} + t_{w2}, \quad t_{w1} = 0.7(R_1 + R_2)C, \quad t_{w2} = 0.7 R_2 C$$

555 电路要求 $R_1$ 与 $R_2$ 均应大于或等于 1 kΩ，但 $R_1 + R_2$ 应小于或等于 3.3 MΩ。

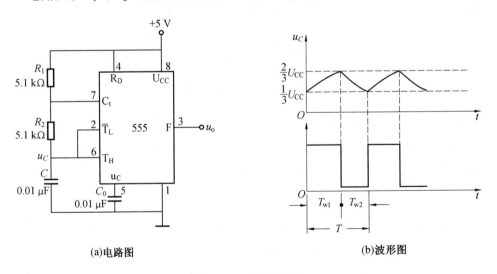

(a)电路图        (b)波形图

图 2.65   多谐振荡器

外部元件的稳定性决定了多谐振荡器的稳定性,555 定时器配以少量的元件即可获得较高精度的振荡频率和具有较强的功率输出能力。因此这种形式的多谐振荡器应用很广。

**3. 组成施密特触发器**

电路如图 2.66 所示,只要将脚 2、6 连在一起作为信号输入端,即得到施密特触发器。图 2.67 所示为 $u_S$,$u_i$ 和 $u_o$ 的波形图。

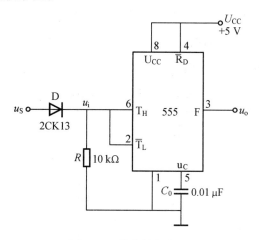

图 2.66　施密特触发器

设被整形变换的电压为正弦波 $u_S$,其正半波通过二极管 D 同时加到 555 定时器的 2 脚和 6 脚,得 $u_i$ 为半波整流波形。当 $u_i$ 上升到 $\frac{2}{3}U_{CC}$ 时,$u_o$ 从高电平翻转为低电平;当 $u_i$ 下降到 $\frac{1}{3}U_{CC}$ 时,$u_o$ 又从低电平翻转为高电平。电路的电压传输特性曲线如图 2.68 所示。

回差电压

$$\Delta U = \frac{2}{3}U_{CC} - \frac{1}{3}U_{CC} = \frac{1}{3}U_{CC}$$

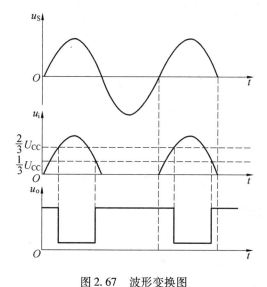

图 2.67　波形变换图

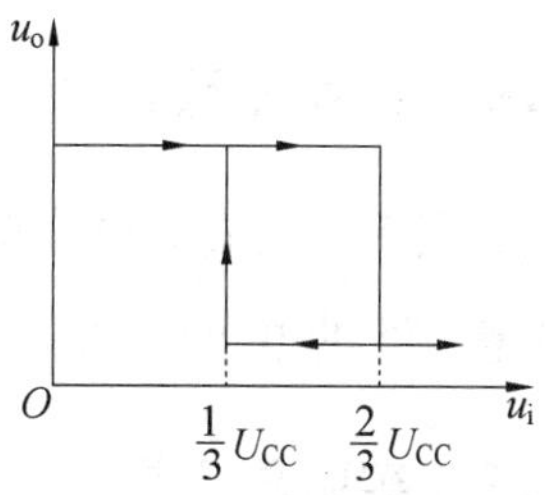

图 2.68　电压传输特性

### 2.12.5 实验内容

**1. 测试 NE555 的逻辑功能**

复位端 $\overline{R}_D$ 接逻辑开关输出插口,阈值端 $T_H$ 和触发端 $\overline{T_L}'$ 接直流稳压电源,输出端 $u_o$ 接逻辑电平显示输入插口,控制电压输入端 $U_{CO}$ 和放电端 DISC 悬空。首先将 $\overline{R}_D$ 置为低电平"0", $T_H$ 和 $\overline{T_L}$ 端电压从 $0 \sim 5$ V 变化,观察输出情况。然后将 $\overline{R}_D$ 置为高电平"1", $T_H$ 和 $\overline{T_L}$ 端电压从 $0 \sim 5$ V 变化,参照表 2.39 验证其逻辑功能。

表 2.39 NE555 的功能表

| 输入 | | | 输出 |
|---|---|---|---|
| $\overline{R}_D$ | $T_H$ | $\overline{T_L}$ | $u_o$ |
| 1 | × | × | 低 |
| 0 | $> \frac{2}{3} U_{CC}$ | $> \frac{1}{3} U_{CC}$ | 低 |
| 1 | $< \frac{2}{3} U_{CC}$ | $> \frac{1}{3} U_{CC}$ | 不变 |
| 1 | $< \frac{2}{3} U_{CC}$ | $< \frac{1}{3} U_{CC}$ | 高 |
| 1 | $> \frac{2}{3} U_{CC}$ | $< \frac{1}{3} U_{CC}$ | 高 |

**2. 用 555 电路构成单稳态触发器**

参照图 2.64 连线,取 $R = 100$ kΩ, $C = 47$ μF,输入信号 $u_i$ 由单次脉冲源提供,用双踪示波器观测 $u_i$、$u_C$、$u_o$ 波形。测定幅度与暂稳时间(参数值可根据实验箱实际情况调整)。

将 $R$ 改为 $1$ kΩ, $C$ 改为 $0.1$ μF,输入端加 1 kHz 的连续脉冲,用示波器观测波形 $u_i$、$u_C$、$u_o$,测定幅度及暂稳时间。

**3. 用 555 电路构成多谐振荡器**

电路图如图 2.65 所示,电路要求 $R_1$ 与 $R_2$ 均应大于或等于 $1$ kΩ,但 $R_1 + R_2$ 应小于或等于 $3.3$ MΩ。参照图 2.65 所示接线,用双踪示波器观测 $u_C$、$u_o$ 的波形,测定频率。

### 2.12.6 实验注意事项

(1)注意用 555 构成的单稳态触发器,触发信号为负脉冲。

(2)注意 555 的电压控制端 5 号引脚的正确处理。

### 2.12.7 实验思考题

(1)在实验箱上如何用固定电源获得连续可调的 $0 \sim 5$ V 电压?

（2）若驱动输出电流较大的负载,则应选择双极型 555 还是单极型 555?

### 2.12.8　实验报告要求

（1）根据各实验内容要求,设计并画出相应逻辑电路图。

（2）根据所测数据,画出时序图,并分析各电路功能。

# 2.13　实验十三　D/A、A/D 转换器

### 2.13.1　实验目的

（1）了解 D/A 和 A/D 转换器的基本工作原理和基本结构。

（2）掌握大规模集成 D/A 和 A/D 转换器的功能及其典型应用。

### 2.13.2　实验预习要求

（1）复习 A/D、D/A 转换的工作原理。

（2）熟悉 ADC0809、DAC0832 各引脚功能,使用方法。

（3）拟定各个实验内容的具体实验方案。

### 2.13.3　实验仪器与器件

（1）双踪示波器:1 台;

（2）数字万用表:1 块;

（3）数字实验箱:1 个;

（4）ADC0809:1 片;

（5）DAC0832:1 片;

（6）电阻:若干;

（7）电位器:若干;

（8）电容:若干。

### 2.13.4　实验原理

在数字电子技术的很多应用场合往往需要把模拟量转换为数字量,称为模/数转换器(A/D 转换器,简称 ADC);或把数字量转换成模拟量,称为数/模转换器(D/A 转换器,简称 DAC)。完成这种转换的线路有很多种,特别是单片大规模集成 A/D、D/A 转换器问世,为实现上述的转换提供了极大的方便。使用者借助手册提供的器件性能指标及典型应用电路,即可正确使用这些器件。本实验将采用大规模集成电路 DAC0832 实现 D/A 转换,采用

ADC0809 实现 A/D 转换。

### 1. D/A 转换器 DAC0832

DAC0832 是采用 CMOS 工艺制成的单片电流输出型 8 位数/模转换器。图 2.69 是 DAC0832 的逻辑框图及引脚排列。

器件的核心部分采用倒 T 型电阻网络的 8 位 D/A 转换器,如图 2.70 所示。它是由倒 T 型 $R-2R$ 电阻网络、模拟开关、运算放大器和参考电压 $U_{REF}$ 四部分组成。

运放的输出电压为

$$u_o = \frac{U_{REF} \cdot R_f}{2^n R}(D_{n-1} \cdot 2^{n-1} + D_{n-2} \cdot 2^{n-2} + \cdots + D_0 \cdot 2^0)$$

由上式可见,输出电压 $u_o$ 与输入的数字量成正比,这就实现了从数字量到模拟量的转换。

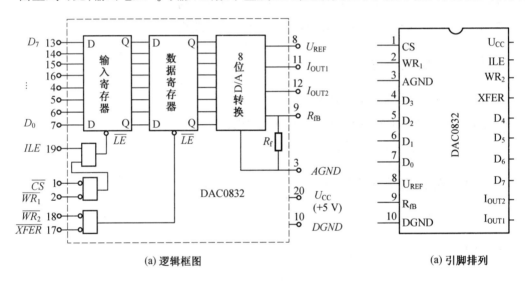

(a) 逻辑框图　　　　　　　　　　　　(a) 引脚排列

图 2.69　DAC0832 单片 D/A 转换器逻辑框图和引脚排列

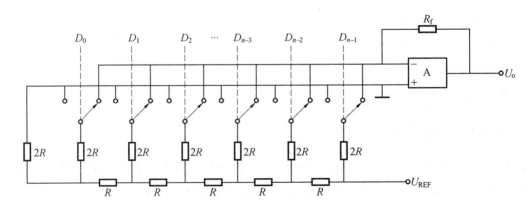

图 2.70　倒 T 型电阻网络 D/A 转换电路

一个 8 位的 D/A 转换器,它有 8 个输入端,每个输入端是 8 位二进制数的一位,有一个模拟输出端,输入可有 $2^8 = 256$ 个不同的二进制组态,输出为 256 个电压之一,即输出电压不是整个电压范围内任意值,而只能是 256 个可能值。

DAC0832 的引脚功能说明如下:

$D_0 \sim D_7$:数字信号输入端;

$ILE$:输入寄存器允许,高电平有效;

$\overline{CS}$:片选信号,低电平有效;

$\overline{WR1}$:写信号 1,低电平有效;

$\overline{XFER}$:传送控制信号,低电平有效;

$\overline{WR2}$:写信号 2,低电平有效;

$I_{OUT1}$,$I_{OUT2}$:DAC 电流输出端;

$R_{fb}$:反馈电阻,是集成在片内的外接运放的反馈电阻;

$U_{REF}$:基准电压$(-10 \sim +10)$V;

$U_{CC}$:电源电压$(+5 \sim +15)$V;

$AGND$:模拟地;

$NGND$:数字地,可与模拟地接在一起使用。

DAC0832 输出的是电流,要转换为电压,还必须经过一个外接的运算放大器,实验线路如图 2.71 所示。

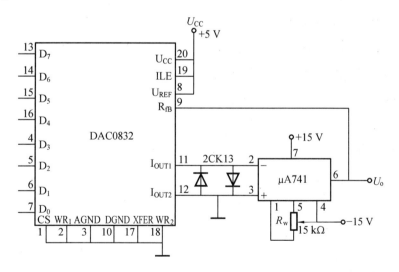

图 2.71 D/A 转换器实验线路

### 2. A/D 转换器 ADC0809

ADC0809 是采用 CMOS 工艺制成的单片 8 位 8 通道逐次渐近型模/数转换器,其逻辑框图及引脚排列如图 2.72 所示。

器件的核心部分是 8 位 A/D 转换器,它由比较器、逐次渐近寄存器、D/A 转换器及控制和

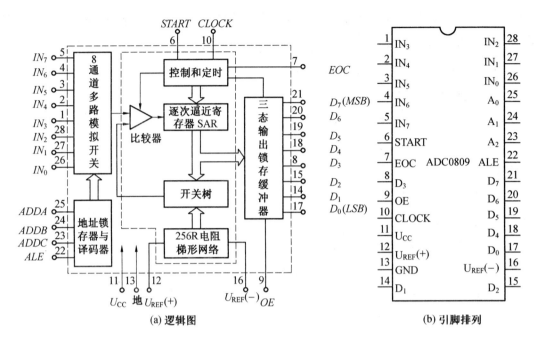

图 2.72　ADC0809 转换器逻辑框图及引脚排列

定时 5 部分组成。

ADC0809 的引脚功能说明如下：

$IN_0 \sim IN_7$：8 路模拟信号输入端；

$A_2, A_1, A_0$：地址输入端；

ALE：地址锁存允许输入信号，在此脚施加正脉冲，上升沿有效，此时锁存地址码，从而选通相应的模拟信号通道，以便进行 A/D 转换；

START：启动信号输入端，应在此脚施加正脉冲，当上升沿到达时，内部逐次逼近寄存器复位，在下降沿到达后，开始 A/D 转换过程；

EOC：转换结束输出信号（转换结束标志），高电平有效；

OE：输入允许信号，高电平有效；

CLOCK(CP)：时钟信号输入端，外接时钟频率一般为 640 kHz；

$U_{CC}$：+5 V 单电源供电；

$U_{REF}(+)$、$U_{REF}(-)$：基准电压的正极、负极，一般 $U_{REF}(+)$ 接+5 V 电源，$U_{REF}(-)$ 接地；$D_7 \sim D_0$：数字信号输出端。

（1）模拟量输入通道选择。

8 路模拟开关由 $A_2, A_1, A_0$ 三地址输入端选通 8 路模拟信号中的任何一路进行 A/D 转换，地址译码与模拟输入通道的选通关系见表 2.40。

表 2.40 地址译码与模拟输入通道的选通关系

| 被选模拟通道 | | $IN_0$ | $IN_1$ | $IN_2$ | $IN_3$ | $IN_4$ | $IN_5$ | $IN_6$ | $IN_7$ |
|---|---|---|---|---|---|---|---|---|---|
| 地址 | $A_2$ | 0 | 0 | 0 | 0 | 1 | 1 | 1 | 1 |
| | $A_1$ | 0 | 0 | 1 | 1 | 0 | 0 | 1 | 1 |
| | $A_0$ | 0 | 1 | 0 | 1 | 0 | 1 | 0 | 1 |

（2）D/A 转换过程。

在启动端（$START$）加启动脉冲（正脉冲），D/A 转换即开始。如将启动端（$START$）与转换结束端（$EOC$）直接相连，转换将是连续的，在用这种转换方式时，开始应在外部加启动脉冲。

## 2.13.5　实验内容

### 1. D/A 转换器——DAC0832

（1）按图 2.71 接线，电路接成直通方式，即 $\overline{CS}$、$\overline{WR1}$、$\overline{WR2}$、$\overline{XFER}$接地；$ALE$、$U_{CC}$、$U_{REF}$接 +5 V电源；运放电源接±15 V；$D_0 \sim D_7$接逻辑开关的输出插口，输出端 $U_o$接直流数字电压表。

（2）调零，令 $D_0 \sim D_7$ 全置零，调节运放的电位器使 μA741 输出为零。

（3）按表 2.41 所列的输入数字信号，用数字电压表测量运放的输出电压 $U_o$，并将测量结果填入表中，并与理论值进行比较。

表 2.41　DAC0832 测试表

| | | | 输 入 数 字 量 | | | | | 输出模拟量 $U_0/V$ |
|---|---|---|---|---|---|---|---|---|
| $D_7$ | $D_6$ | $D_5$ | $D_4$ | $D_3$ | $D_2$ | $D_1$ | $D_0$ | $U_{CC} = +5$ V |
| 0 | 0 | 0 | 0 | 0 | 0 | 0 | 0 | |
| 0 | 0 | 0 | 0 | 0 | 0 | 0 | 1 | |
| 0 | 0 | 0 | 0 | 0 | 0 | 1 | 0 | |
| 0 | 0 | 0 | 0 | 0 | 1 | 0 | 0 | |
| 0 | 0 | 0 | 0 | 1 | 0 | 0 | 0 | |
| 0 | 0 | 0 | 1 | 0 | 0 | 0 | 0 | |
| 0 | 0 | 1 | 0 | 0 | 0 | 0 | 0 | |
| 0 | 1 | 0 | 0 | 0 | 0 | 0 | 0 | |
| 1 | 0 | 0 | 0 | 0 | 0 | 0 | 0 | |
| 1 | 1 | 1 | 1 | 1 | 1 | 1 | 1 | |

### 2. A/D 转换器——ADC0809

按图 2.73 接线。

（1）八路输入模拟信号 1 ~4.5 V，由+5 V 电源经电阻 $R$ 分压组成；变换结果 $D_0 \sim D_7$接逻

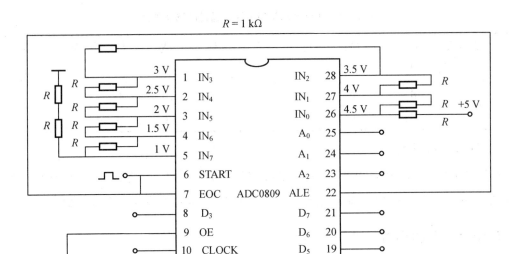

图 2.73　ADC0809 实验线路

辑电平显示器输入插口, $CP$ 时钟脉冲由计数脉冲源提供, 取 $f=100\text{ kHz}$; $A_0\sim A_2$ 地址端接逻辑电平输出插口。

（2）接通电源后, 在启动端($START$)加一正单次脉冲, 下降沿一到即开始 A/D 转换。

（3）按表 2.42 的要求观察, 记录 $IN_0\sim IN_7$ 八路模拟信号的转换结果, 并将转换结果换算成十进制数表示的电压值, 并与数字电压表实测的各路输入电压值进行比较, 分析误差原因。

表 2.42　ADC0809 测试表

| 被选模拟通道 | 输入模拟量 | 地　址 | | | 输　出　数　字　量 | | | | | | | | |
|---|---|---|---|---|---|---|---|---|---|---|---|---|---|
| $IN$ | $U_i$/V | $A_2$ | $A_1$ | $A_0$ | $D_7$ | $D_6$ | $D_5$ | $D_4$ | $D_3$ | $D_2$ | $D_1$ | $D_0$ | 十进制 |
| $IN_0$ | 4.5 | 0 | 0 | 0 | | | | | | | | | |
| $IN_1$ | 4.0 | 0 | 0 | 1 | | | | | | | | | |
| $IN_2$ | 3.5 | 0 | 1 | 0 | | | | | | | | | |
| $IN_3$ | 3.0 | 0 | 1 | 1 | | | | | | | | | |
| $IN_4$ | 2.5 | 1 | 0 | 0 | | | | | | | | | |
| $IN_5$ | 2.0 | 1 | 0 | 1 | | | | | | | | | |
| $IN_6$ | 1.5 | 1 | 1 | 0 | | | | | | | | | |
| $IN_7$ | 1.0 | 1 | 1 | 1 | | | | | | | | | |

### 2.13.6 实验注意事项

（1）注意 DAC 片选端的正确接法。

（2）注意基准电压的正确选取。

### 2.13.7 实验思考题

（1）A/D 转换器的分辨率和什么因素有关？

（2）8 位数/模转换器的输出为 0～25.5 V 的模拟电压。若数字信号的最高位是"1"其余各位是"0"，则输出的模拟电压是多少？

### 2.13.8 实验报告要求

（1）根据各实验内容要求，设计并画出相应逻辑电路图。

（2）根据所测数据，分析电路功能。

# 第3章 设计型实验

## 3.1 实验一 用与非门设计1位全加器

### 3.1.1 设计任务

(1) 用与非门实现组合逻辑电路的设计。

(2) 用与非门设计 1 位全加器,实现 1 位数的加法。

### 3.1.2 实验预习要求

(1)复习组合逻辑电路的有关内容和理论知识。

(2)阅读指导书,理解实验原理,了解设计步骤。

(3)设计的电路,应在实验前完成原理图设计。

### 3.1.3 实验仪器与器件

(1)+5 V 直流电源:1 台;

(2)数字实验箱:1 台;

(3)数字万用表:1 块;

(4)四 2 输入与非门 CC4011:2 片;

(5)二 4 输入与非门 CC4012:4 片。

### 3.1.4 设计原理

**1.设计原理**

用与非门实现组合逻辑电路的设计一般步骤如图 3.1 所示。

(1)列真值表。根据设计任务的要求建立输入、输出变量,并列出真值表。

(2)根据真值表,画出卡诺图。

(3)根据卡诺图,进行逻辑化简,得到最简逻辑表达式。

(4)画出逻辑电路图。

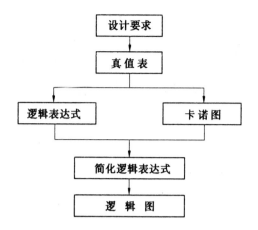

图 3.1 组合逻辑电路设计流程图

（5）用与非门构成逻辑电路,用实验进行验证。

**2. 设计举例**

**例 1** 用与非门设计 1 位全加器。

（1）真值表。

若用 $A_i$、$B_i$ 表示第 $i$ 位两个加数,$C_{i-1}$ 表示第 $(i-1)$ 位的进位,$S_i$ 表示全加和,$C_i$ 表示送给高位的进位,则全加器真值表如 3.1 所示。

表 3.1　全加器真值表

| $A_i$ | $B_i$ | $C_{i-1}$ | $S_i$ | $C_i$ |
|-------|-------|-----------|-------|-------|
| 0 | 0 | 0 | 0 | 0 |
| 0 | 0 | 1 | 1 | 0 |
| 0 | 1 | 0 | 1 | 0 |
| 0 | 1 | 1 | 0 | 1 |
| 1 | 0 | 0 | 1 | 0 |
| 1 | 0 | 1 | 0 | 1 |
| 1 | 1 | 0 | 0 | 1 |
| 1 | 1 | 1 | 1 | 1 |

（2）逻辑化简。

由卡诺图化简可得

$$S_i = \overline{A_i}\,\overline{B_i}C_{i-1} + \overline{A_i}B_i\overline{C_{i-1}} + A_i\,\overline{B_i}\,\overline{C_{i-1}} + A_iB_iC_{i-1} =$$

$$\overline{\overline{\overline{A_i}\,\overline{B_i}C_{i-1}} \cdot \overline{\overline{A_i}B_i\overline{C_{i-1}}} \cdot \overline{A_i\,\overline{B_i}\,\overline{C_{i-1}}} \cdot \overline{A_iB_iC_{i-1}}} = \sum m(1,2,4,7)$$

$$C_i = A_iB_i + A_iC_{i-1} + B_iC_{i-1} = \overline{\overline{A_iB_i} \cdot \overline{A_iC_{i-1}} \cdot \overline{B_iC_{i-1}}} = \sum m(3,5,6,7)$$

③参考电路。

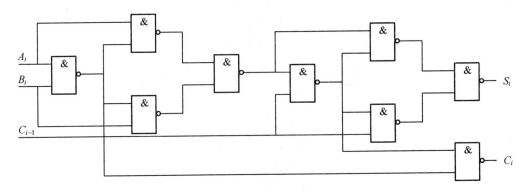

图 3.2　1 位全加器电路

### 3.1.5　实验内容

(1)按参考电路图 3.2 连接电路图,按表 3.1 验证其逻辑功能。

(2)设计:用与非门设计三人表决电路。

要求:设计三人表决电路,设 $F$、$B$、代表三个人,$P$ 代表表决结果,其中 $F$、$B$、$C$ 同意得 1 分,总分大于或等于 2 分时通过,即 $P=1$,用最少的与非门实现。

①根据设计要求列三人表决电路真值表。

②画卡诺图,写出逻辑表达式。

③画电路图。按电路图接线,按真值表验证逻辑功能。

(3)设计:用与非门与反相器设计 1 位数值比较器。

要求:设 1 位数 $A_i$ 与 $B_i$ 进行比较,其比较结果:$M_i$ 代表大于,$G_i$ 代表等于,$L_i$ 代表小于。用与非门(CC4011)和反相器(CC4069)实现。

①根据设计要求列出 1 位数值比较器电路真值表。

②画卡诺图,写出逻辑表达式。

③画电路图。按电路图接线,按真值表验证逻辑功能。

### 3.1.6　实验注意事项

(1)要熟悉芯片的管脚排列,特别要注意电源和接地管脚不允许接反。

(2)实验过程中,每当换电路时,必须首先断开电源,严禁带电作业。

### 3.1.7　实验思考题

能否用与非门设计四人表决电路？如何实现？

### 3.1.8　实验报告要求

（1）写出三人表决和 1 位数值比较器的设计过程。包括列真值表、卡诺图化简、写逻辑表达式和设计电路图。

（2）总结组合逻辑电路设计体会。

# 3.2　实验二　用集成译码器设计 1 位全减器

## 3.2.1　设计任务

（1）用集成二进制译码器实现组合逻辑设计。

（2）用集成 3 线–8 线译码器 74LS138 设计 1 位全减器。

## 3.2.2　实验预习要求

（1）复习组合逻辑电路的有关内容和理论知识。

（2）阅读指导书，理解实验原理，了解设计步骤。

（3）设计的电路，应在实验前完成原理图设计。

## 3.2.3　实验仪器与器件

（1）+5 V 直流电源：1 台；

（2）数字实验箱：1 台；

（3）数字万用表：1 块；

（4）74LS138：1 片；

（5）二 4 输入与非门 CC4012：1 片。

## 3.2.4　设计原理

**1. 设计原理**

用二进制译码器实现组合逻辑函数的基本步骤：

（2）选择集成二进制译码器。

设函数变量数 $k$，译码器输入二进制代码位数为 $n$，则 $n=k$。

（2）写出欲求函数的标准与非–与非表达式。

先求出函数的标准与或表达式，再用两次取反推导出其标准与非–与非表达式。

（3）确认译码器和与非门输入信号表达式。

译码器的输入信号也是地址变量，对应函数的变量。例如：函数的变量 $A,B,C$ 对应地址

变量 $A_2, A_1, A_0$。

与非门输入信号,对应标准与非-与非表达式中最小项反函数。

(4)画连线图。

根据译码器和与非门的输入表达式画连线图。

**2.设计举例**

**例2** 试用集成 3 线-8 线译码器 74LS138 设计 1 位全减器

(1)选择集成二进制译码器。

1 位全减器,有被减数、减数、来自低位的借位 3 个函数变量,即 $K=3$,译码器输入二进制代码位数 $n=K$,则 $n=3$,故选 3 线-8 线译码器 74LS138。74LS138 和与非门配合即可实现任何 3 变量之内的最小项之和表达式。

设 3 个输入函数变量,$A_i$ 为被减数、$B_i$ 为减数、$C_{i-1}$ 为来自低位的借位;有两个逻辑输出量,$D_i$ 为本位差、$C_i$ 为本位向高位的借位。全减器电路图如图 3.3 所示,图中有 3 个逻辑输入量,其中,译码器的芯片片选端 $\overline{S_3}=0$,$\overline{S_2}=0$,$S_1=1$,处于选中状态。

(2)真值表。

表 3.2 全减器真值表

| $A_i$ | $B_i$ | $C_{i-1}$ | $D_i$ | $C_i$ |
|---|---|---|---|---|
| 0 | 0 | 0 | 0 | 0 |
| 0 | 0 | 1 | 1 | 1 |
| 0 | 1 | 0 | 1 | 1 |
| 0 | 1 | 1 | 0 | 1 |
| 1 | 0 | 0 | 1 | 0 |
| 1 | 0 | 1 | 0 | 0 |
| 1 | 1 | 0 | 0 | 0 |
| 1 | 1 | 1 | 1 | 1 |

(3)写出表达式。

由真值表写出输出函数表达式为

$$D_i = \overline{A_i}\,\overline{B_i}C_{i-1} + \overline{A_i}B_i\,\overline{C_{i-1}} + A_i\,\overline{B_i}\,\overline{C_{i-1}} + A_iB_iC_{i-1} =$$

$$\overline{\overline{m_1} \cdot \overline{m_2} \cdot \overline{m_4} \cdot \overline{m_7}} = \overline{\overline{y_1} \cdot \overline{y_2} \cdot \overline{y_4} \cdot \overline{y_7}} = \sum m(1,2,4,7)$$

$$C_i = \overline{A_i}\,\overline{B_i}C_{i-1} + \overline{A_i}B_i\,\overline{C_{i-1}} + \overline{A_i}B_iC_{i-1} + A_iB_iC_{i-1} =$$

$$\overline{\overline{m_1} \cdot \overline{m_2} \cdot \overline{m_3} \cdot \overline{m_7}} = \overline{\overline{y_1} \cdot \overline{y_2} \cdot \overline{y_3} \cdot \overline{y_7}} = \sum m(1,2,3,7)$$

(4)参考电路图(图 3.3)。

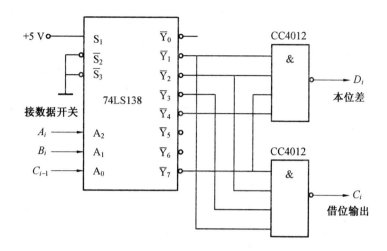

图 3.3　集成译码器设计 1 位全减器电路图

## 3.2.5　实验内容

（1）按参考电路图 3.3 连接电路图，按表 3.2 验证其逻辑功能。

（2）设计：1 位全加器。

要求：用 $A_i$、$B_i$ 表示第 $i$ 位两个加数，$C_{i-1}$ 表示第（$i-1$）位的进位，$S_i$ 表示全加和，$C_i$ 表示送给高位的进位。用集成译器 74LS138 和三 4 输入与非门 CC4012 实现。

①根据设计要求列出 1 位加法器真值表。

②画卡诺图，写出逻辑表达式。

③画电路图。按电路图接线，按真值表验证逻辑功能。

（3）设计：74LS138 构成三个开关控制一盏灯的逻辑电路。

要求：三个开关 $A$、$B$ 和 $C$ 为逻辑输入量，0 代表开关断开，1 代表开关接通；分别处于不同地点；灯为逻辑输出量，0 代表灯灭，1 代表灯亮，受开关 $A$、$B$ 和 $C$ 的控制。当开关 $A$、$B$ 和 $C$ 全为断开状态时，灯处于"灭"状态。在 $A$、$B$ 和 $C$ 中当任意一开关动作（由接通转变为断开，或由断开转变为接通）时，灯的状态即发生转变（由灯亮变为灭或由灭转为亮）。

具体实验步骤如下：

①根据设计要求列出真值表。

②推导出输出 $Y$ 的逻辑表达式。

③画出电路图，如图 3.4 所示。

④按电路图接线，按真值表验证逻辑功能。

## 3.2.6　实验注意事项

（1）要熟悉芯片的管脚排列，特别要注意电源和接地管脚不允许接反。

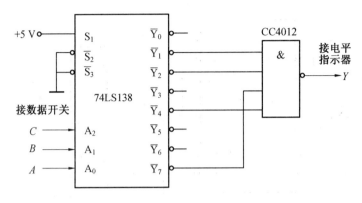

图 3.4　三开关控制一盏灯电路

(2)选择电路元件时,应尽量选取实验板上已有的元件。

### 3.2.7　实验思考题

能否用 3 线-8 线译码器和与非门设计三人表决电路?如何实现?

### 3.2.8　实验报告要求

(1)写出 1 位全加器和三人表决的设计过程。包括列真值表、卡诺图化简、写逻辑表达式和设计电路图。

(2)总结用集成译码器实现组合电路设计的体会。

# 3.3　实验三　用集成数据选择器设计交通灯故障报警电路

### 3.3.1　设计任务

(1)用集成数据选择器实现组合逻辑电路设计。

(2)试用集成数据选择器设计一个交通灯控制电路。

(3)试用集成数据选择器设计一个交通灯故障报警电路。

### 3.3.2　实验预习要求

(1)复习组合逻辑电路的有关内容和理论知识。

(2)阅读指导书,理解实验原理,了解设计步骤。

(3)设计的电路,应在实验前完成原理图设计。

### 3.3.3　实验仪器与器件

(1)+5 V 直流电源:1 台;

(2)数字实验箱:1 台;

(3)数字万用表:1 块;

(4)4 选 1 数据选择器 74153:1 片;

(5)8 选 1 数据选择器 74LS151:1 片;

(6)六反相器 CC4069:1 片;

(7)四 2 输入与非门 7400:1 片。

### 3.3.4　设计原理

**1.设计原理**

用集成数据选择器实现组合逻辑电路的步骤如下:

(1)根据设计要求,确定输入变量和输出变量。

(2)确定应该选用的数据选择器。

设输入变量个数为 $K$,数据选择器地址码的位数为 $N$,则 $N=K-1$。根据 $N$ 确定数据选择器的型号,例如:$N=2$,则 $2^N=4$,选择 4 选 1 数据选择器 74LS153;$N=3$,则 $2^N=8$,选择 8 选 1 数据选择器 74LS151。

(3)写逻辑表达式。

①写出函数的标准与或表达式。

根据设计要求,列真值表,写出函数的标准与或表达式。

②数据选择器输出信号 $Y$ 的表达式。

4 选 1 数据选择器输出信号的逻辑表达式为

$$Y=\bar{A}_2\,\bar{A}_1\,\bar{A}_0 D_0+\bar{A}_2\,\bar{A}_1 A_0 D_1+\bar{A}_2 A_1\,\bar{A}_0 D_2+\bar{A}_2 A_1 A_0 D_3$$

8 选 1 数据选择器 74LS151 输出信号的逻辑表达式为

$$Y=\bar{A}_2\bar{A}_1\bar{A}_0 D_0+\bar{A}_2\bar{A}_1 A_0 D_1+\bar{A}_2 A_1\bar{A}_0 D_2+\bar{A}_2 A_1 A_0 D_3+A_2\bar{A}_1\bar{A}_0 D_4+A_2\bar{A}_1 A_0 D_5+A_2 A_1\bar{A}_0 D_6+A_2 A_1 A_0 D_7$$

③求选择器输入变量的表达式。

通过对照比较函数的与或表达式和数据选择器输出信号 $Y$ 的表达式,确定选择器各个输入变量的表达式。

④画连线图。

**2.设计举例**

**例 3**　**试用集成数据选择器设计一个交通灯控制电路。**

要求:用数据选择器设计一个交通灯控制电路,要求在四个不同方向都能独立地开灯和关灯。

(1)设四个方向开关分别用变量 $A,B,C,D$ 表示,交通灯用 $Z$ 表示,开关状态及灯亮灭状态分别用逻辑 1 和逻辑 0 表示,逻辑 1 表示开关打开和灯亮,逻辑 0 表示开关闭合和灯灭。

（2）确定应该选用的数据选择器。

因为有 4 个输变量，$K=4$，数据选择器地址码位数 $N=K-1=3$，故选择 8 选 1 数据选择器 74LS151。

（3）写逻辑表达式。

①写出函数的标准与或表达式。

列真值表，如表 3.3 所示。

表 3.3　交通灯控制电路的真值表

| $A$ | $B$ | $C$ | $D$ | $Z$ | $A$ | $B$ | $C$ | $D$ | $Z$ | $A$ | $B$ | $C$ | $D$ | $Z$ | $A$ | $B$ | $C$ | $D$ | $Z$ |
|---|---|---|---|---|---|---|---|---|---|---|---|---|---|---|---|---|---|---|---|
| 0 | 0 | 0 | 0 | 0 | 0 | 1 | 1 | 0 | 0 | 1 | 1 | 0 | 0 | 0 | 1 | 0 | 1 | 0 | 0 |
| 0 | 0 | 0 | 1 | 1 | 0 | 1 | 1 | 1 | 1 | 1 | 1 | 0 | 1 | 1 | 1 | 0 | 1 | 1 | 1 |
| 0 | 0 | 1 | 1 | 0 | 0 | 1 | 0 | 1 | 0 | 1 | 1 | 1 | 1 | 0 | 1 | 0 | 0 | 1 | 0 |
| 0 | 0 | 1 | 0 | 1 | 0 | 1 | 0 | 0 | 1 | 1 | 1 | 1 | 0 | 1 | 1 | 0 | 0 | 0 | 1 |

根据真值表，写出逻辑表达式。

$$Z=\overline{A}\,\overline{B}\,C D+\overline{A}\,\overline{B}\,C\overline{D}+ABCD+\overline{A}\,B\,\overline{C}\,D+AB\,\overline{C}D+ABC\overline{D}+A\,\overline{B}CD+A\,\overline{B}\,\overline{C}\,\overline{D}$$

②数据选择器输出信号 $Y$ 的表达式

8 选 1 数据选择器 74LS151 输出信号的逻辑表达式为

$$Y=\overline{A}_2\,\overline{A}_1\,\overline{A}_0 D_0+\overline{A}_2\,\overline{A}_1 A_0 D_1+\overline{A}_2 A_1\,\overline{A}_0 D_2+\overline{A}_2 A_1 A_0 D_3+A_2\,\overline{A}_1\,\overline{A}_0 D_4+$$

$$A_2\,\overline{A}_1 A_0 D_5+A_2 A_1\,\overline{A}_0 D_6+A_2 A_1 A_0 D_7$$

③求选择器输入变量的表达式。

设 $\overline{S}=0$，$A_2=A$，$A_1=B$，$A_0=C$，对比函数标准与或表达式 $Z$ 与 74LS151 输出信号的逻辑表达式 $Y$，可知：

$$D_0=D,\quad D_1=\overline{D},\quad D_2=\overline{D},\quad D_3=D,\quad D_4=\overline{D},\quad D_5=D,\quad D_6=D,\quad D_7=\overline{D}$$

④画连线图。

根据采用的数据选择器和求出的输入表达式画出连线图，如图 3.5 所示。

### 3.3.5　实验内容

（1）设计：利用集成数据选择器 74LS153 设计一个交通灯故障报警电路。

要求：按集成数据选择器实现组合逻辑函数的步骤，写出设计交通灯故障报警电路的过程，并画出电路图。

（2）设计：利用集成数据选择器 74LS151 设计一个两位数据比较器电路。

利用 74LS151 与 74LS00 与非门构成的两位数据比较器，将两位数据 $X_1 X_0$ 与两位数据 $Y_1 Y_0$ 进行比较，当 $X_1 X_0 \geqslant Y_1 Y_0$ 时，比较器输出 $F$ 为 1，否则为 0。

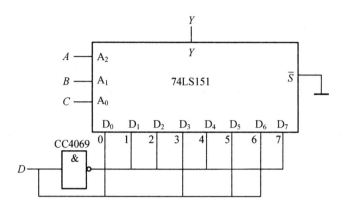

图 3.5 数据选择器 74LS151 设计交通灯控制电路

要求：按集成数据选择器实现组合逻辑函数的步骤，写出设计一个两位数据比较器电路的过程，并画出电路图。

参考电路如图 3.6 所示。

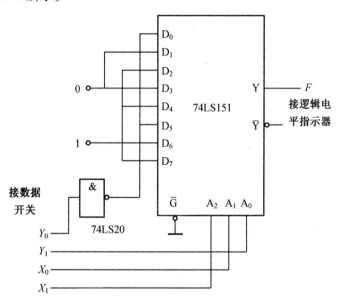

图 3.6 数据选择器 74LS151 设计两位数据比较器电路

### 3.3.6 实验注意事项

(1)要熟悉芯片的管脚排列，特别要注意电源和接地管脚不允许接反。

(2)在进行复杂电路实验时，应该先检测所用到的每个单元电路功能是否正常，确保每个单元电路能够正常工作。

### 3.3.7 实验思考题

能否用集成数据选择器 74LS153 设计一个两位数据比较器电路？如何实现？

### 3.3.8 实验报告要求

(1)写出一个交通故障报警电路和一个两位数据比较器电路的设计过程。

(2)总结用集成数据选择器实现组合逻辑电路设计的体会。

# 3.4 实验四 用集成触发器设计同步计数器

### 3.4.1 设计任务

(1)试用边沿 JK 触发器和门电路设计一个 N 位二进制同步加法计数器。

(2)试用边沿 JK 触发器和门电路设计一个 N 进制同步加法计数器。

### 3.4.2 实验预习要求

(1)复习集成触发器设计同步计数器的有关内容和理论知识。

(2)阅读指导书,理解实验原理,了解设计步骤。

(3)设计的电路,应在实验前完成原理图设计。

### 3.4.3 实验仪器与器件

(1)+5 直流电源 1 台;

(2)数字实验箱:1 台;

(3)数字万用表:1 块;

(4)上升沿触发的双 JK 触发器 CC4027:2 片;

(5)四 2 输入与非门 CC4011:1 片。

### 3.4.4 设计原理

**1.设计原理**

用集成触发器设计同步计数器,属于时序电路的设计,时序电路设计的一般步骤为:

(1)建立状态图。

(2)选择触发器,求时钟方程、输出方程和状态方程。

(3)求驱动方程。

(4)画逻辑电路图。

(5)检查设计的电路能否自启动。

**2.设计举例**

**例 4** 试用边沿 JK 触发器和门电路设计一个 3 位二进制同步加法计数器。

（1）按要求列二进制编码状态图，如图 3.7 所示。

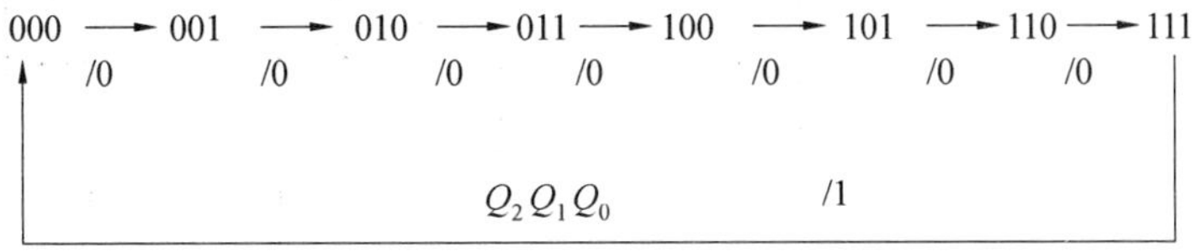

```
000 ──→ 001 ──→ 010 ──→ 011 ──→ 100 ──→ 101 ──→ 110 ──→ 111
    /0      /0      /0      /0      /0      /0      /0
↑
|                   Q₂Q₁Q₀              /1
└────────────────────────────────────────────────────────────┘
```

图 3.7　状态图

（2）选择触发器。

选择 $JK$ 触发器，因为电路状态进行编码的二进制代码为 3 位，所以选 3 个 $CP$ 上升沿触发的 $JK$ 触发器，故选用两片双 $JK$ 触发器 CC4027。

（3）求输出方程 $C$。

由图 3.7 所示状态图，列输出 $C$ 的卡诺图，由卡诺图可得输出方程为

$$C = Q_2^n Q_1^n Q_0^n$$

（4）求状态方程。

根据图 3.7 所示状态图，可画出计数器次态的卡诺图，根据各个触发器次态的卡诺图，可写出下列状态方程：

$$Q_2^{n+1} = Q_2^n \overline{Q_1^n} + Q_2^n \overline{Q_1^n} + \overline{Q_2^n} Q_1^n Q_0^n$$

$$Q_1^{n+1} = \overline{Q_1^n} Q_0^n + Q_1^n \overline{Q_0^n}$$

$$Q_0^{n+1} = \overline{Q_0^n}$$

（5）求驱动方程。

变换状态方程的形式：

$$Q_2^{n+1} = Q_2^n \overline{Q_1^n} + Q_2^n \overline{Q_1^n} + \overline{Q_2^n} Q_1^n Q_0^n = Q_1^n Q_0^n \overline{Q_2^n} + \overline{Q_1^n Q_0^n} Q_2^n$$

$$Q_1^{n+1} = \overline{Q_1^n} Q_0^n + Q_1^n \overline{Q_0^n} = Q_0^n \overline{Q_1^n} + \overline{Q_0^n} Q_1^n$$

$$Q_0^{n+1} = \overline{Q_0^n} = 1 \cdot \overline{Q_0^n} + \overline{1} \cdot Q_0^n$$

以上与 $JK$ 触发器特性方程：$Q^{n+1} = J \overline{Q^n} + K Q^n$ 比较可知：

$$J_2 = K_2 = Q_1^n Q_0^n$$

$$J_1 = K_1 = Q_0^n$$

$$J_0 = K_0 = 1$$

（6）画逻辑电路图。

根据所选用的触发器和时钟方程、输出方程及驱动方程，可以画出如图 3.8 所示的逻辑电路图。

**例 5**　试用边沿 $JK$ 触发器和门电路设计一个七进制同步加法计数器。

&
&
C
FF0
FF1
FF2
"1"
IJ
Q0
C
IK
C F1
C F2
CP

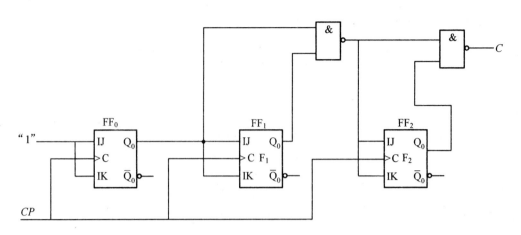

图 3.8　3 位二进制同步加法计数器

(1)按要求列二进制编码状态图,如图 3.9 所示。

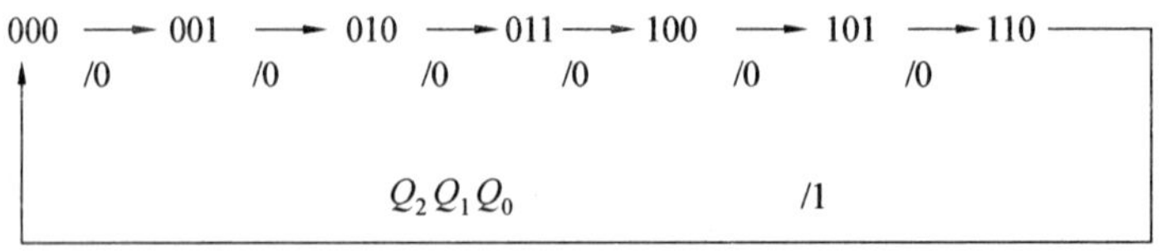

000
001
010
011
100
101
110
/0
/0
/0
/0
/0
/0
Q2Q1Q0
/1

图 3.9　状态图

(2)选择触发器。

选择 $JK$ 触发器,因为电路状态进行编码的二进制代码为 3 位,所以选 3 个 $CP$ 上升沿触发的 $JK$ 触发器,故选用两片双 $JK$ 触发器 CC4027。

(3)求输出方程 $C$。

由图 3.9 所示状态图可知,111 状态没有出现,故其对应最小项 $Q_2Q_1Q_0$ 为约束项。列输出 $C$ 的卡诺图,由卡诺图可列出输出方程:

$$C=Q_2^nQ_1^n$$

(4)求状态方程。

根据图 3.9 所示状态图,可画出计数器次态的卡诺图,根据各个触发器次态的卡诺图,可写出下列状态方程:

$$Q_2^{n+1}=Q_1^nQ_0^n+Q_2^n\ \overline{Q_1^n}$$

$$Q_1^{n+1}=\overline{Q_1^n}Q_0^n+\overline{Q_2^n}Q_1^n\ \overline{Q_0^n}$$

$$Q^{n+1}0=\overline{Q_1^n}\ \overline{Q_0^n}+\overline{Q_2^n}\ \overline{Q_0^n}$$

(5)求驱动方程。

$$Q_2^{n+1}=Q_1^nQ_0^n(\overline{Q_2^n}+Q_2^n)+Q_2^n\ \overline{Q_1^n}=Q_1^nQ_0^nQ_2^n+\overline{Q_1^n}Q_2^n+Q_2^nQ_1^nQ_0^n$$

$$Q_1^{n+1}=Q_0^n\ \overline{Q_1^n}+\overline{Q_2^nQ_0^n}Q_2^n$$

$$Q_0^{n+1} = (\overline{\overline{Q_2^n} + \overline{Q_1^n}}) \overline{Q_0^n} + 1 \cdot \overline{Q_0^n}$$

以上方程与 $JK$ 触发器特性方程:$Q_1^{n+1} = J \overline{Q^n} + K Q^n$ 比较可知:

$$J_2 = Q_1^n Q_0^n, \quad K_2 = Q_1^n$$

$$J_1 = Q_0^n, \quad K_1 = \overline{\overline{Q_2^n} \cdot \overline{Q_0^n}}$$

$$J_0 = \overline{Q_2^n + Q_1^n} = \overline{Q_2^n Q_1^n}, \quad K_2 = 1$$

(6)画逻辑电路图。

根据所选用的触发器和时钟方程、输出方程及驱动方程,可以画出如图3.10所示的逻辑电路图。

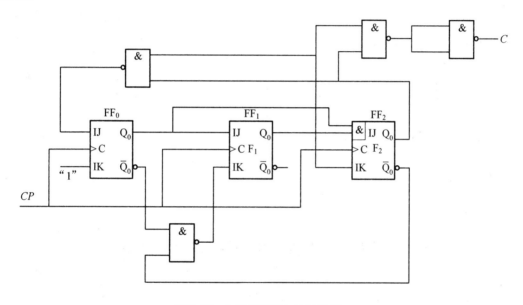

图3.10 七进制同步加法计数器

(7)检验电路能否自启动。

无效状态转换情况:将111代入 $Q_2^{n+1}, Q_1^{n+1}, Q_0^{n+1}$ 得000(有效状态),故设计的时序电路能够自启动。

### 3.4.5 实验内容

(1)设计:用边沿 $JK$ 触发器和门电路设计一个4位二进制同步加法计数器。

设计要求:按例4和例5的时序逻辑电路设计步骤进行电路设计,具体设计步骤为

①画出状态图。

②求输出方程和状态方程。

③求驱动方程。

④画逻辑电路图。

(2)设计:用边沿 $JK$ 触发器和门电路设计一个 3 位二进制同步减法计数器。

设计要求:按例 4 和例 5 的时序逻辑电路设计步骤进行电路设计,具体设计步骤为

①画出状态图。

②求输出方程和状态方程。

③求驱动方程。

④画逻辑电路图。

### 3.4.6 实验注意事项

(1)要熟悉芯片的管脚排列,特别要注意电源和接地管脚不允许接反。

(2)带有时钟控制的触发器正常工作时,直接置位端 $\overline{S}_D$ 和复位端 $\overline{R}_D$ 应接高电平。

### 3.4.7 实验思考题

在进行计数器实验时,有时会出现按动一次开关,计数器的输出跳动若干次的现象,这是什么原因造成的?

### 3.4.8 实验报告要求

(1)写出设计实验电路的设计过程,画出电路原理图。

(2)总结时序逻辑电路的特点及设计方法。

## 3.5 实验五 用集成触发器设计异步计数器

### 3.5.1 设计任务

(1)试用下降沿 $JK$ 触发器和门电路设计一个 $N$ 位二进制异步加法计数器。

(2)试用下降沿 $JK$ 触发器和门电路设计一个 $N$ 进制异步加法计数器。

### 3.5.2 实验预习要求

(1)复习集成触发器设计异步计数器的有关内容和理论知识。

(2)阅读指导书,理解实验原理,了解设计步骤。

(3)设计的电路,应在实验前完成原理图设计。

### 3.5.3 实验仪器与器件

(1)+5 V 直流电源:1 台;

(2)数字实验箱:1 台;

（3）数字万用表:1 块;

（4）双下降沿触发的双 $JK$ 触发器 74LS112:2 片;

（5）8 输入与非门/与门 CC4068:1 片。

### 3.5.4 设计原理

**1. 设计原理**

用集成触发器构成异步计数器有两个规律:

（1）触发器要用 $T'$ 触发器，此处用 $JK$，故应将 $J=K=1$，变成 $T'$ 触发器。

（2）对于下降沿触发，$CP_i = Q_{i-1}$。

**2. 设计举例**

**例 6** 试用边沿 $JK$ 触发器和门电路设计一个 3 位二进制异步加法计数器

（1）按要求列二进制编码状态图，如图 3.11 所示。

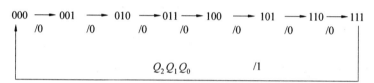

图 3.11 3 位二进制异步加法计数器的状态图

（2）求时钟方程。

根据图 3.11 所示状态图的要求，可画出如图 3.12 所示的时序图。

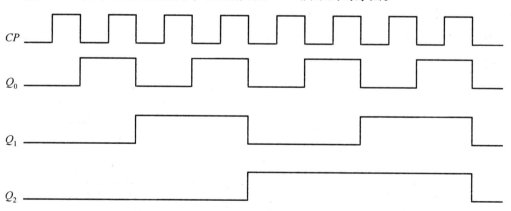

图 3.12 3 位二进制异步加法计数器的时序图

确定时钟信号:从图 3.12 所示的时序图可知，时钟方程为

$$\begin{cases} CP_0 = CP \\ CP_1 = Q_0 \\ CP_2 = Q_1 \end{cases}$$

（3）求输出方程。

根据图3.11所示状态图，可以得出输出方程为

$$C = Q_2^n Q_1^n Q_0^n$$

（4）求状态方程。

根据图3.11所示状态图和图3.12所示时序图，可得下列状态方程：

$$Q_2^{n+1} = \overline{Q_2^n}, \quad Q_1 \text{ 下降沿有效}$$

$$Q_1^{n+1} = \overline{Q_1^n}, \quad Q_0 \text{ 下降沿有效}$$

$$Q_0^{n+1} = \overline{Q_0^n}, \quad CP \text{ 下降沿有效}$$

（5）求驱动方程。

变换状态方程的形式：

$$Q_2^{n+1} = \overline{Q_2^n} = 1 \cdot \overline{Q_2^n} + \overline{1} Q_2^n$$

$$Q_1^{n+1} = \overline{Q_1^n} = 1 \cdot \overline{Q_2^n} + \overline{1} Q_2^n$$

$$Q_0^{n+1} = \overline{Q_0^n} = 1 \cdot \overline{Q_0^n} + \overline{1} Q_0^n$$

以上方程与 $JK$ 触发器特性方程：$Q^{n+1} = J\overline{Q^n} + KQ^n$ 比较可知：

$$J_2 = K_2 = 1$$

$$J_1 = K_1 = 1$$

$$J_0 = K_0 = 1$$

（6）画逻辑电路图。

根据所选用的触发器和时钟方程、输出方程及驱动方程，可以画出如图3.13所示的逻辑电路图。

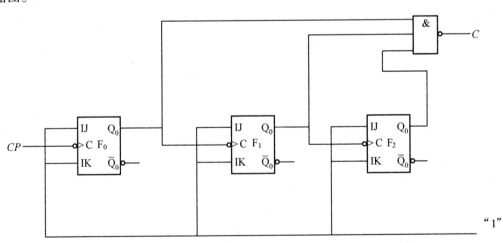

图3.13　3位二进制异步加法计数器

**例 7**　试用边沿 $JK$ 触发器和门电路设计一个十进制异步加法计数器。

(1)画状态图,如图 3.14 所示。

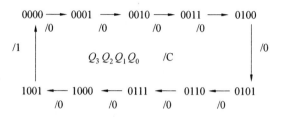

图 3.14　十进制异步加法计数器的状态图

(2)选择触发器。选用 4 个下降沿触发的 $JK$ 触发器,故选两片 74LS112。

(3)求时钟方程。

对于下降沿触发的 $JK$ 触发器,$CP_i = Q_{i-1}$,故时钟方程为

$$
\begin{cases}
CP_0 = CP \\
CP_1 = Q_0 \\
CP_2 = Q_1 \\
CP_3 = Q_0
\end{cases}
$$

(4)求输出方程。

由图 3.14 所示状态图,列输出 $C$ 的卡诺图,由卡诺图可得出输出方程为

$$C = Q_3^n Q_0^n$$

(5)求状态方程。

根据图 3.14 所示状态图,画出计数器次态的卡诺图。由各个触发器次态的卡诺图,写出状态方程:

$$
\begin{cases}
Q_3^{n+1} = Q_2^n Q_1^n, & Q_0 \text{ 下降沿有效} \\
Q_2^{n+1} = \overline{Q_2^n}, & Q_1 \text{ 下降沿有效} \\
Q_1^{n+1} = \overline{Q_3^n}\, \overline{Q_1^n}, & Q_0 \text{ 下降沿有效} \\
Q_0^{n+1} = \overline{Q_0^n}, & CP \text{ 下降沿有效}
\end{cases}
$$

(6)求驱动方程。

变换状态方程的形式:

$$Q_3^{n+1} = Q_2^n Q_1^n = Q_2^n Q_1^n\, \overline{Q_3^n} + \overline{1} \cdot Q_3^n, \qquad Q_0 \text{ 下降沿有效}$$

$$Q_2^{n+1} = \overline{Q_2^n} = 1 \cdot \overline{Q_2^n} + \overline{1} \cdot Q_2^n, \qquad Q_1 \text{ 下降沿有效}$$

$$Q_1^{n+1} = \overline{Q_3^n}\, \overline{Q_1^n} = \overline{Q_3^n}\, \overline{Q_1^n} + \overline{1} \cdot Q_1^n, \qquad Q_0 \text{ 下降沿有效}$$

$$Q_0^{n+1} = \overline{Q_0^n} = 1 \cdot \overline{Q_0^n} + \overline{1} \cdot Q_0^n, \qquad CP \text{ 下降沿有效}$$

以上方程与 $JK$ 触发器特性方程: $Q^{n+1}=J\overline{Q^n}+KQ^n$ 比较可知:

$$J_3=Q_2^n Q_1^n,\quad K_3=1$$

$$J_2=K_2=1$$

$$J_1=\overline{Q_3^n},\quad K_1=1$$

$$J_0=K_0=1$$

（7）画逻辑电路图。

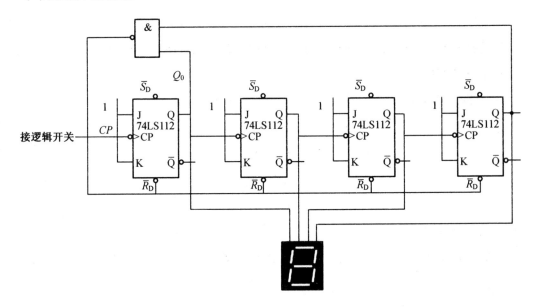

图 3.15　十进制异步加法计数器

（8）检查电路能否自启动。

$$1010 \xrightarrow{/0} 1011 \xrightarrow{/1} 0100 \qquad 1100 \xrightarrow{/0} 1101 \xrightarrow{/1} 0100$$

$$1110 \xrightarrow{/0} 1111 \xrightarrow{/1} 0000$$

无效状态都能在 $CP$ 作用下回到有效状态,故所得到的电路能够自启动。

## 3.5.5　实验内容

（1）设计:用边沿 $JK$ 触发器和门电路设计一个4位二进制异步加法计数器。

设计要求:按例6和例7的时序逻辑电路设计步骤进行电路设计,具体设计步骤为

①画出状态图。

②求输出方程和状态方程。

③求驱动方程。

④画逻辑电路图。

(2)设计:用边沿 $JK$ 触发器和门电路设计一个十进制异步减法计数器。

设计要求:按例 6 和例 7 的时序逻辑电路设计步骤进行电路设计,具体设计步骤为

①画出状态图。

②求输出方程和状态方程。

③求驱动方程。

④画逻辑电路图。

### 3.5.6　实验注意事项

(1)要熟悉芯片的管脚排列,特别要注意电源和接地管脚不允许接反。

(2)带有时钟控制的触发器正常工作时,直接置位端 $\bar{S}_D$ 和复位端 $\bar{R}_D$ 应接高电平。

### 3.5.7　实验思考题

在进行计数器实验时,有时会出现按动一次开关,计数器的输出跳动若干次的现象,这是什么原因造成的?

### 3.5.8　实验报告要求

(1)写出设计实验电路的设计过程,画出电路原理图。

(2)总结设计异步计数器特点。

# 3.6　实验六　任意进制计数器的设计(一)

### 3.6.1　设计任务

(1)试用 74LS161 异步清零功能设计 $N$ 进制计数器($N{<}M$)。

(2)试用 74LS161 同步置数功能设计 $N$ 进制计数器($N{<}M$)。

### 3.6.2　实验预习要求

(1)复习集成计数器的有关内容和理论知识。

(2)阅读指导书,理解实验原理,了解设计步骤。

(3)设计的电路,应在实验前完成原理图设计。

### 3.6.3　实验仪器与器件

(1)+5 V 直流电源:1 台;

(2)数字实验箱:1 台;

(3)数字万用表:1块;

(4)74LS161:1片;

(5)四2输入与非门CC4011:1片。

### 3.6.4 设计原理

**1. 设计原理**

若集成计数器的计数模值为 $M$,当 $N<M$ 时,可采用反馈清零法或置数法通过在片外添加适当反馈逻辑即可实现任意进制计数器。计数器的清零和置数都有同步和异步之分,同步方式,当 $CP$ 触发沿到来时才能完成清零或置数任务,异步方式与 $CP$ 信号无关。例如,74LS161/74LS160,清零采用异步方式,置数采用同步方式。

(1)反馈归零法。

利用清除端 $\overline{CR}$ 和反馈电路与非门构成,如果计数器是同步清零,则计数计到 $(N-1)$ 时,通过反馈逻辑强制计数器清零。如果计数器是异步清零,则计数计到 $N$ 时,通过反馈逻辑强制计数器清零。

(2)置位法。

利用预置端 $\overline{LD}$ 和反馈电路与非门构成,如果计数器是同步预置数,则计数计到 $(N-1)$ 时,通过反馈逻辑使 $\overline{LD}=0$,则当第 $N$ 个 $CP$ 到来时,计数器输出端为 $Q_0Q_1Q_2Q_3=D_0D_1D_2D_3$。如果计数器是异步预置数,则计数计到 $N$ 时,通过反馈逻辑使 $\overline{LD}=0$,计数器输出端为 $Q_0Q_1Q_2Q_3=D_0D_1D_2D_3$。

**2. 设计举例**

**例8** 利用74LS161异步清零端 $\overline{CR}$ 构成的十进制计数器。

用异步清零 $\overline{CR}$ 端归零实现十进制计数器,电路如图3.16所示,$D_3\sim D_0$ 接地,$Q_3\sim Q_0$ 接 LED 数码显示器,与非门的输出与清零端 $\overline{CR}$ 相连,当计数器进入状态 $[Q_3Q_2Q_1Q_0]=1010$(十进制数10)时,与非门输出低电平,$\overline{CR}=0$,使计数器清"0"。

**例9** 利用74LS161同步置数端 $\overline{LD}$ 构成的十进制计数器。

用同步置数 $\overline{LD}$ 归零实现十进制计数器,电路如图3.17所示,$D_3\sim D_0$ 接地,$Q_3\sim Q_0$ 接 LED 数码显示器,与非门的输出与置数端 $\overline{LD}$ 相连,当计数器进入状态 $[Q_3Q_2Q_1Q_0]=1001$(十进制数9)时,与非门输出低电平,$\overline{LD}=0$,当第10个脉冲到来时,计数器输出端等于输入端电平,即 $D_3D_2D_1D_0=0$,$Q_3Q_2Q_1Q_0=0$,计数器为"0"。

**例10** 利用74LS161的数据预置功能构成计数范围可调整的计数器。

反馈归零法计数只能从0开始,例如74LS161实现十进制计数器,用反馈归零法 $\overline{CR}$ 端清

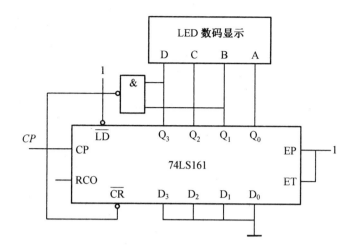

图 3.16　用 74LS161 异步清零端 $\overline{CR}$ 构成的十进制计数器

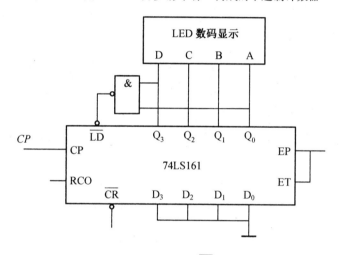

图 3.17　用 74LS161 同步置数端 $\overline{LD}$ 构成的十进制计数器

零,计数范围只能从 0000 ~ 1001(十进制数 0 ~ 9),而用置数法,计数范围可调,可以从 0001 ~ 1010(十进制数 1 ~ 10),也可以从 0011 ~ 1100(十进制数 3 ~ 12),计数模不变(十进制计数模为 10),计数的起始数可以变,即计数范围可调。

用 74LS161 设计实现计数范围可调计数器关键两点为:

(1)设从 $S$ 开始计数,写出 $S$ 的二进制代码,根据二进制代码,设置 $D_3D_2D_1D_0$ 的值。例如从 3 开始计数,写出 3 的二进制代码 0011,令 $D_3D_2D_1D_0=1100$。

(2)十进制计数器,模长为 10,从 3 开始计数,则计数到 12,因为 74LS16 是同步预置数,所以写出 11 的二进制代码为 1011,令 $\overline{LD}=\overline{Q_3Q_1Q_0}$,$\overline{LD}$ 端通过与非门与 $Q$ 端相连。

例如:计数器可以从 3 计数到 10,如图 3.18 所示。

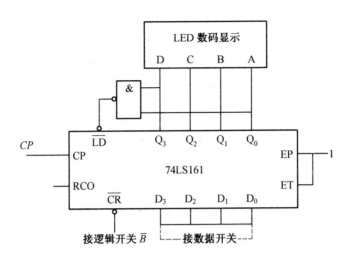

图 3.18  用 74LS161 实现计数范围可调整的计数器

## 3.6.5  实验内容

(1) 利用 74LS161 异步清零端 $\overline{CR}$ 构成的十进制计数器,如图 3.16 所示。

① 按图 3.16 所示接线,检查无误后接通电源。

② 在 $CP$ 端手动发计数脉冲,观察并记录输出的变化。

③ 将所得数据计入表 3.4 中。

分析结果:

计数器的计数范围为从_____到_____。

**表 3.4  用 74LS161 实现十进制计数器测试数据**

| $CP$ 脉冲 | 异步清零端 $\overline{CR}$ 归零 | | | | | 同步置数端 $\overline{LD}$ 归零 | | | | |
|:---:|:---:|:---:|:---:|:---:|:---:|:---:|:---:|:---:|:---:|:---:|
| | $Q_3$ | $Q_2$ | $Q_1$ | $Q_0$ | LED 显示 | $Q_3$ | $Q_2$ | $Q_1$ | $Q_0$ | LED 显示 |
| 1 | | | | | | | | | | |
| 2 | | | | | | | | | | |
| 3 | | | | | | | | | | |
| 4 | | | | | | | | | | |
| 5 | | | | | | | | | | |
| 6 | | | | | | | | | | |
| 7 | | | | | | | | | | |
| 8 | | | | | | | | | | |
| 9 | | | | | | | | | | |
| 10 | | | | | | | | | | |

(2) 设计:利用 74LS161 异步清零端 $\overline{CR}$ 构成七进制计数器。

① 画出七进制计数器的电路图。

②按电路图接线。

③设计数据测试表,进行数据测试。

(3)利用74LS161同步置数端$\overline{LD}$构成的十进制计数器,如图3.17所示。

①按图3.17所示接线,检查无误后接通电源。

②在 $CP$ 端手动发计数脉冲,观察并记录输出的变化。

③将所得数据计入表3.4中。

分析结果:

a. 计数器的计数范围为从_____到_____。

b. 与异步清零端$\overline{CR}$归零法相比,电路有何不同?

(4)设计:利用74LS161同步置数端$\overline{LD}$构成七进制计数器。

①画出七进制计数器的电路图。

②按电路图接线。

③设计数据测试表,进行数据测试。

④分析:与利用74LS161异步清零端$\overline{CR}$构成的七进制计数器相比,电路图有何不同?

(5)利用74LS161的数据预置功能构成计数范围可调整的计数器,如图3.18所示。

①按图3.18所示接线,检查无误后接通电源。

②$\overline{CR}$端置0,使得计数器的初始状态预置为0,再将$\overline{CR}$端置1。

③将 $D_3 \sim D_0$ 所接数据开关设置为0010。

④在 $CP$ 端手动发计数脉冲观察并记录输出的变化,填入表2.5中。

⑤将 $D_3 \sim D_0$ 所接数据开关设置为0011。

⑥在 $CP$ 端手动发计数脉冲,观察并记录输出的变化,填入表3.5中。

**表3.5　利用74LS161的数据预置功能构成计数器测试数据**

| $CP$ 脉冲 | ($D_3D_2D_1D_0 = 0010$ 时) | | | | | ($D_3D_2D_1D_0 = 0011$ 时) | | | | |
|---|---|---|---|---|---|---|---|---|---|---|
| | $Q_3$ | $Q_2$ | $Q_1$ | $Q_0$ | LED 显示 | $Q_3$ | $Q_2$ | $Q_1$ | $Q_0$ | LED 显示 |
| 0 | | | | | | | | | | |
| 1 | | | | | | | | | | |
| 2 | | | | | | | | | | |
| 3 | | | | | | | | | | |
| 4 | | | | | | | | | | |
| 5 | | | | | | | | | | |
| 6 | | | | | | | | | | |
| 7 | | | | | | | | | | |
| 8 | | | | | | | | | | |
| 9 | | | | | | | | | | |

分析结果：

a. 当 $D_3D_2D_1D_0 = 0010$ 时，

计数器的计数范围为从_____到_____；计数器为_____进制计数器。

b. 当 $D_3D_2D_1D_0 = 0011$ 时，

计数器的计数范围为从_____到_____；计数器为_____进制计数器。

(6)设计：利用74LS161的数据预置功能构成计数范围可调整的计数器。

要求：当 $D_3D_2D_1D_0 = 0011$ 时，要实现八进制计数器。

①画出八进制计数器的电路图。

②按电路图接线。

③设计数据测试表，进行数据测试。

(7)设计：利用74LS161构成十二进制，用两种方法实现。

要求：用清零法和预置数法两种方法实现。

①画出十二进制计数器的电路图。

②按电路图接线。

③设计数据测试表，进行数据测试。

### 3.6.6　实验注意事项

(1)要熟悉芯片的管脚排列，特别要注意电源和接地管脚不允许接反。

(2)实验过程中，每当换电路时，必须首先断开电源，严禁带电作业。

### 3.6.7　实验思考题

如何理解集成计数器74LS161的异步清零和同步预置数功能中"同步"和"异步"的意义？

### 3.6.8　实验报告要求

(1)总结同步清零端或置数端归零获得 $N$ 进制计数器的方法。

(2)总结异步清零端或置数端归零获得 $N$ 进制计数器的方法。

(3)总结74LS161芯片功能。

# 3.7　实验七　任意进制计数器的设计（二）

## 3.7.1　设计任务

(1)试用74LS290设计大容量 $N$ 进制计数器（$N>M$）。

（2）试用 74LS161 或 74LS163 设计大容量 $N$ 进制计数器（$N>M$）。

### 3.7.2　实验预习要求

（1）复习集成计数器的有关内容和理论知识。

（2）阅读指导书，理解实验原理，了解设计步骤。

（3）设计的电路，应在实验前完成原理图设计。

### 3.7.3　实验仪器与器件

（1）+5 V 直流电源：1 台；

（2）数字实验箱：1 台；

（3）数字万用表：1 块；

（4）74LS290：2 片；

（5）74LS163：2 片。

### 3.7.4　设计原理

#### 1. 设计原理

若集成计数器的计数模值为 $M$，当 $N>M$ 时，可采用计数器级联使用，完成 $N$ 进制计数。几个计数器级联起来，从而获得所需要的大容量计数器之后，再用反馈归零法获得大容量的 $N$ 进制计数器。例如，要获得 $N=60$ 进制的计数器，可先把两个十进制计数器级联起来构成 100 进制计数器，再用反馈归零法即可得到 60 进制计数器。要获得 $N=180$ 进制的计数器，可先把两个 16 进制计数器级联起来构成 256 进制计数器，再用反馈归零法即可得到 180 进制计数器。

#### 2. 设计举例

**例 11**　试用 74LS290 设计 50 进制计数器。

74LS290 是二–五–十进制计数器，可以用两片 290 分别构成十进制计数器，然后再构成 100 进制计数器。利用反馈归零法最后实现 50 进制计数器。

$$S_M = S_N = S_{50} = 01010000, \quad R_{OA} = S_{OB} = Q_6 Q_4$$

**例 12**　试用 74LS161 设计 60 进制计数器。

先用两片 74LS161 级联起来构成 256 进制计数器，再用同步归零法即可得到 60 进制同步加法计数器，如图 3.20 所示。

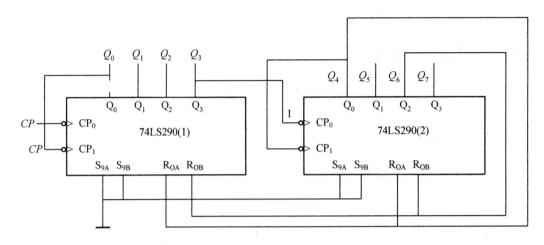

图 3.19　用 74LS290 设计 50 进制计数器计数器

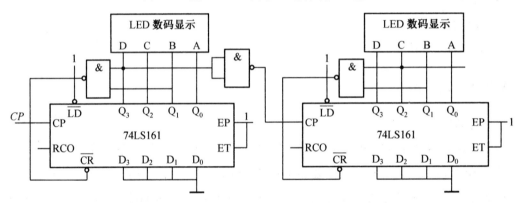

图 3.20　利用 74LS161 实现异步进位级联 60 进制计数器

### 3.7.5　实验内容

(1)设计:试用 74LS161 实现 60 进制异步加法计数器。

要求:用两片 74LS161 和与非门实现。

①画出 60 进制计数器的电路图。

②按电路图接线。

③设计数据测试表,进行数据测试。

(2)设计:试用 74LS290 实现 100 进制异步加法计数器。

要求:

①画出 100 进制计数器的电路图。

②按电路图接线。

③设计数据测试表,进行数据测试。

(3)设计:试用 74LS163 实现 180 进制同步加法计数器。

要求:

①画出 180 进制计数器的电路图。

②按电路图接线。

③设计数据测试表,进行数据测试。

### 3.7.6 实验注意事项

(1)要熟悉芯片的管脚排列,特别要注意电源和接地管脚不允许接反。

(2)74LS161 在时钟信号的上升沿触发。

### 3.7.7 实验思考题

能否用 74LS163 和与非门实现 60 进制异步加法计数器? 与用 74LS161 和与非门实现有何不同?

### 3.7.8 实验报告要求

(1)画出电路图,记录、整理实验现象及实验所得的有关波形,对实验结果进行分析。

(2)总结构成大容量集成计数器的体会。

# 3.8 实验八 单稳态触发器和施密特触发器设计

### 3.8.1 设计任务

(1)用 555 定时器构成单稳态触发器。

(2)用 555 定时器构成施密特触发器。

### 3.8.2 实验预习要求

(1)复习单稳态触发器和施密特触发器的有关内容和理论知识。

(2)阅读指导书,理解实验原理,了解设计步骤。

### 3.8.3 实验仪器与器件

(1)数字实验箱:1 台;

(2)双踪示波器:1 台;

(3)函数信号发生器:1 台;

(4)555 芯片:1 片。

### 3.8.4　设计原理

**1. 单稳态触发器**

由 555 定时器和外接定时元件 $R$、$C$ 构成的单稳态触发器如图 3.21(a)所示。$u_i$ 输入触发信号,下降沿有效,加在 555 的 $\overline{TR}$(2 脚),$u_o$ 是输出信号。

当没有触发信号 $u_i$ 即高电平时,电路工作在稳定状态,$u_o = 0$,T 饱和导通。当 $u_i$ 下降沿到来时,电路被触发,立即由稳态翻转为暂稳态,$Q = 1$,$u_o = 1$,T 截止,电容 $C$ 开始充电,$u_c$ 按指数规律增长。当 $u_c$ 充电到 $\frac{2}{3}U_{CC}$ 时,高电平比较器动作,比较器 $C_1$ 翻转,输出 $u_o$ 从高电平返回低电平,放电开关管 T 重新导通,电容 $C$ 上的电荷很快经放电开关管放电,暂态结束,恢复稳态,为下个触发脉冲的来到做好准备。波形图如图 3.21(b)所示。

暂稳态的持续时间 $t_p$(即为延时时间)决定于外接元件 $R$,$C$ 值的大小。

$$t_p = 1.1RC$$

通过改变 $R$,$C$ 的大小,可使延时时间在几个微秒到几十分钟之间变化。

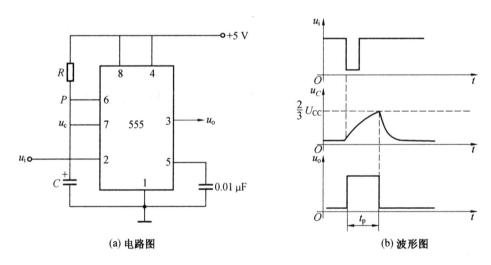

(a) 电路图　　　　　　　　　　　　　　　(b) 波形图

图 3.21　用 555 构成的单稳态触发器

**2. 施密特触发器**

由 555 定时器构成的施密特触发器如图 3.22(a)所示。$TH$(6 脚)、$\overline{TR}$(2 脚)端连接起来作为信号输入端 $u_i$,便构成了施密特触发器。图 3.22(b)为波形图。

利用 555 的高低电平触发的回差电平,可构成具有滞回特性的施密特触发器。施密特触发器回差控制有两种方式:其一为电压控制端 5 引脚不外加控制电压,此时高低电平的触发电压分别为 $\frac{2}{3}U_{CC}$ 和 $\frac{1}{3}U_{CC}$ 不变,当 $u_i$ 上升到 $\frac{2}{3}U_{CC}$ 时,$u_o$ 从高电平翻转为低电平;当 $u_i$ 下降到

$\dfrac{1}{3}U_{CC}$ 时，$u_o$ 又从低电平翻转为高电平。回差电压 $\Delta U = \dfrac{2}{3}U_{CC} - \dfrac{1}{3}U_{CC} = \dfrac{1}{3}U_{CC}$。其二为电压控

制端 5 引脚外加控制电压 $U$，其高低电平的触发电压分别为 $U$ 和 $\dfrac{1}{2}U$，可随着 $U$ 改变而变化，

回差电压 $\Delta U = \dfrac{1}{2}U$。

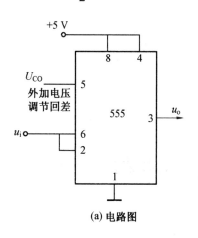
(a) 电路图

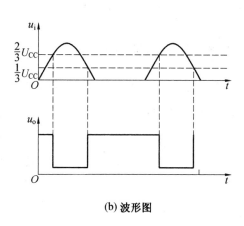
(b) 波形图

图 3.22　用 555 构成的施密特触发器

　　施密特触发器一个最重要的特点，就是能够把变化非常缓慢的输入脉冲波形，整形成为适合于数字电路需要的矩形脉冲，而且由于具有滞回特性，所以抗干扰能力也很强。施密特触发器在脉冲的产生和整形电路中应用很广。

### 3.8.5　实验内容

（1）单稳态触发器定时电路。

①按图 3.21(a) 连线，取 $R = 6.8$ k$\Omega$，$C = 0.1$ μF，输入信号 $u_i$ 由单次脉冲源提供，用双踪示波器观测 $u_i$，$u_o$，$u_C$ 波形。测定幅度、周期和暂稳态的维持时间 $t_p$。

②将 $R$ 改为 470 k$\Omega$，$C$ 改为 0.1 μF，输入端加 1 kHz 的连续脉冲，观测波形 $u_i$，$u_C$，$u_o$，测定幅度、周期和暂稳态的维持时间 $t_p$。

（2）施密特触发器。

按图 3.22(a) 接线，将可调节输入直流电压接至 5 引脚。用函数信号发生器产生 $u_{ipp} = 5$ V、$f = 1$ kHz 的三角波，连接至电路的触发输入端。用双踪示波器观察并画出输入和输出的波形，测绘电压传输特性，算出回差电压 $\Delta U$，在 5 脚 $CO$ 外加电压 1 V、2 V，观察双踪示波器输入和输出波形之间相位上的变化，并测绘电压传输特性，算出回差电压 $\Delta U$。

### 3.8.6　实验注意事项

（1）注意 555 定时器的工作电压。

(2)用555构成单稳态触发器时,负的触发脉冲宽度应该小于暂稳态持续时间,否则电路不能正常工作。

### 3.8.7 实验思考题

(1)在实验中555定时器5管脚所接的电容起什么作用?

(2)单稳态触发器输出脉冲宽度与什么有关?

### 3.8.8 实验报告要求

(1)总结单稳态电路及施密特触发器的功能和各自特点。

(2)分析、总结实验结果。

## 3.9 实验九 占空比可调的多谐振荡器设计

### 3.9.1 设计任务

(1)用555定时器构成多谐振荡器。

(2)用555定时器构成占空比可调的多谐振荡器。

### 3.9.2 实验预习要求

(1)复习多谐振荡器的有关内容和理论知识。

(2)阅读指导书,理解实验原理,了解设计步骤。

### 3.9.3 实验仪器与器件

(1)数字实验箱:1台;

(2)双踪示波器:1台;

(3)函数信号发生器:1台;

(4)555芯片:1片。

### 3.9.4 设计原理

#### 1.构成多谐振荡器

由555定时器构成的多谐振荡器如图3.23(a)所示,$R_1$,$R_2$,$C$是外接定时元件,定时器$T_H$(6脚),$\overline{T_L}$(2脚)端连接起来接$u_C$,晶体管集电极(7)接到$R_1$,$R_2$的连接点。电路没有稳态,仅存在两个暂稳态,电路亦不需要外加触发信号,利用电源通过$R_1$,$R_2$向$C$充电,以及$C$通过

$R_2$向放电端$CO(7)$放电,使电路产生振荡。电容$C$在$\frac{1}{3}U_{CC}$和$\frac{2}{3}U_{CC}$之间充电和放电,其波形如图 3.23(b)所示。输出信号的时间参数是

$$T=T_{w1}+T_{w2}\approx0.7(R_1+2R_2)C, \quad T_{w1}\approx0.7(R_1+R_2)C, \quad T_{w2}\approx0.7R_2C$$

电路要求$R_1$与$R_2$均应大于或等于 1 kΩ,但$R_1+R_2$应小于或等于 3.3 mΩ。

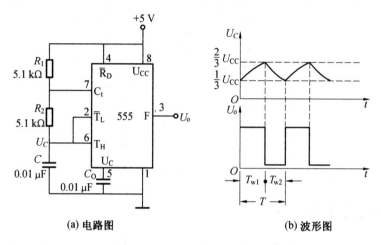

(a) 电路图    (b) 波形图

图 3.23 用 555 构成的多谐振荡器

**2. 组成占空比可调的多谐振荡器**

电路如图 3.24 所示,它比图 3.23 所示电路增加了一个电位器和两个导引二极管。$D_1$、$D_2$用来决定电容充、放电电流流经电阻的途径(充电时 $D_1$ 导通,$D_2$ 截止;放电时 $D_2$ 导通,$D_1$ 截止)。

$$占空比\ P=\frac{t_{p1}}{t_{p1}+t_{p2}}\approx\frac{0.7R_AC}{0.7C(R_A+R_B)}=\frac{R_A}{R_A+R_B}$$

可见,若取$R_A=R_B$电路即可输出占空比为 50% 的方波信号。

## 2.9.5 实验内容

(1)按图 3.23(a)接线,用示波器观察振荡器输出$u_o$和电容电压$u_C$的波形,测量出输出脉冲的幅度$U_{om}$、周期$T$和$u_C$的最小值及最大值,将采集到的数据画在坐标图上。

(2)按图 3.24 接线,组成占空比为 50% 的方波信号发生器。观测输出$u_o$和电容电压$u_C$波形,测定波形参数,将采集到的数据画在坐标图上。

## 3.9.6 实验注意事项

(1)注意 555 定时器的工作电压。

(2)实验过程中,每当换电路时,必须首先断开电源,严禁带电作业。

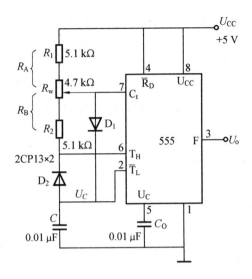

图 3.24　555 构成占空比可调多谐振荡器

### 3.9.7　实验思考题

(1)在实验中 555 定时器 5 管脚所接的电容起什么作用?

(2)多谐振荡器的振荡频率主要由哪些元件决定?

### 3.9.8　实验报告要求

(1)定量画出观测到的波形。

(2)分析、总结实验结果。

# 3.10　实验十　智力竞赛抢答器设计

### 3.10.1　设计任务

利用 $D$ 触发器 74LS175 设计供四人用的智力竞赛抢答器,用以判断抢答优先权。

### 3.10.2　实验预习要求

(1)查阅抢答器的有关内容和理论知识。

(2)阅读指导书,理解实验原理,了解设计步骤。

### 3.10.3　实验仪器与器件

(1)直流稳压电源:1 台;

(2)数字万用表:1 块;

(3)数字实验箱:1 台;

(4)$D$ 触发器 74LS175、与非门 74LS00、74LS20、CD4511:若干;

(5)电阻、电容:若干。

### 3.10.4 设计原理

**1. 设计要求**

抢答开始之前,由主持人按下复位开关清除信号,所有的指示灯和数码管均熄灭。当主持人宣布"开始抢答"后,首先做出判断的参赛者立即按下按钮,对应的指示灯点亮,同时数码管显示该选手的序号,而其余三个参赛者的按钮将不起作用,信号也不再被输出,直到主持人再次清除信号为止。

数码管显示要求利用实验箱上的数码管实现。

(1)设计一个可同时供 4 名选手参加比赛的 4 路数字显示抢答电路。选手每人一个抢答按钮,按钮的编号与选手的编号相同。

(2)当主持人宣布抢答开始并同时按下清零按钮后,用数码管显示出最先按抢答按钮的选手的编号,同时蜂鸣器发出间歇时间约为 0.5 s 的声响 2 s,当主持人按清零按钮后,数码管显示零。

(3)抢答器对参赛选手抢答动作的先后应有较强的分辨力,即选手间动作前后相差几毫秒,抢答器也能分辨出最先动作的选手,并显示其编号。

**2. 设计原理**

竞猜类节目中,常设置抢答器,需要有合适的设备分辨出最先发出抢答信号的选手。为此,抢答电路应具有锁存功能,锁存最先抢答选手的编号,并用数码管显示出来,同时屏蔽其他选手的抢答信号,不显示其编号,直到主持人使用按钮将系统复位,使数码管显示为零为止,表明各选手可以开始新一轮抢答。实现此功能的一种参考电路框图如图 3.25 所示。

图中,开关 0 为主持人用的按钮,开关 1~4 为 4 位选手的抢答开关,他们的开关号被编成对应的 BCD 码。当某位选手按动抢答开关后,其对应的数码送入锁存电路,再送至显示译码电路,显示出对应的选手号。为了只显示最先按抢答按钮的那个选手号,必须只锁存最先输入到锁存器的开关号,为此,在主持人按开关 0 后,锁存器处于进数状态。当有选手先按抢答开关,应能形成反馈信号,通过控制电路锁存该选手的编码,直至主持人再按开关 0 为止。

在锁存该选手的编码的同时,控制电路启动音响发生电路,形成间歇式音响。

### 3.10.5 实验内容

(1)根据抢答器的要求和电路原理框图,设计抢答器电路,并画出电路图。

(2)进行实验验证。

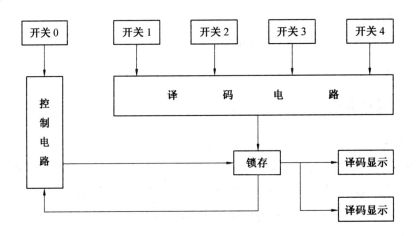

图 3.25　抢答器电路原理框图

### 3.10.6　实验注意事项

(1)要熟悉芯片的管脚排列,特别要注意电源和接地管脚不允许接反。

(2)实验过程中,每当换电路时,必须首先断开电源,严禁带电作业。

### 3.10.7　实验报告要求

(1)写明设计题目、设计任务以及所需的设备元器件。

(2)绘制经过实验验证、完善后的电路原理图。

(3)编写设计说明、使用说明与设计小结。

(4)列出设计参考资料。

# 第4章 综合型实验

## 4.1 实验一 中规模集成计数器及显示译码器的应用

### 4.1.1 实验目的

(1)熟悉中规模集成计数器的逻辑功能及使用方法。

(2)掌握计数器的功能扩展方法。

(3)了解集成译码器及显示器的应用。

### 4.1.2 实验预习要求

(1)复习有关计数器部分内容,了解 74LS161、74LS191 的功能。

(2)拟出实验中所需测试表格。

(3)能画出用 74LS161、74LS191 整体反馈置数的方法构成不同进制的电路图。

### 4.1.3 实验仪器与器件

(1)数字万用表:1 快;

(2)数字电路实验箱:1 台;

(3)74LS00:1 片;

(4)74LS161:1 片;

(5)74LS191:1 片。

### 4.1.4 实验原理

**1. 集成四位同步二进制加法计数器 74LS161**

图 4.1 是 74LS161 的逻辑功能示意图,图 4.2 是 74LS161 的管脚排列,表 4.1 是 74LS161 的功能表。

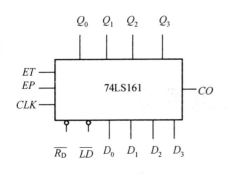

图 4.1 74LS161 的逻辑功能示意图

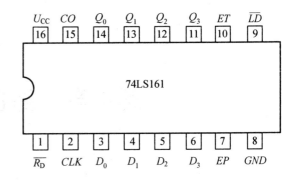

图 4.2 74LS161 的管脚排列

表 4.1 74LS161 功能表

| $\overline{CR}$ | $\overline{LD}$ | $CTT$ $CTP$ | $CP$ | $D_0$ $D_1$ $D_2$ $D_3$ | $Q_0$ $Q_1$ $Q_2$ $Q_3$ |
|---|---|---|---|---|---|
| 0 | × | × × | × | × × × × | 0 0 0 0 |
| 1 | 0 | × × | ↑ | $A$ $B$ $C$ $D$ | $A$ $B$ $C$ $D$ |
| 1 | 1 | 0 × | × | × × × × | 保持 |
| 1 | 1 | × 0 | × | × × × × | 保持 |
| 1 | 1 | 1 1 | ↑ | × × × × | 计数 |

从 74LS161 功能表中可以知道,当清零端 $\overline{R_D}=0$ 时,计数器输出 $Q_3,Q_2,Q_1,Q_0$ 立即为全 "0",这个时候为异步复位功能。当 $\overline{R_D}=1$ 且 $\overline{LD}=0$ 时,在 $CP$ 信号上升沿作用后,74LS161 输出端 $Q_3,Q_2,Q_1,Q_0$ 的状态分别与并行数据输入端 $D_3,D_2,D_1,D_0$ 的状态一样,为同步置数功能。而只有当 $\overline{CR}=\overline{LD}=EP=ET=1$、$CP$ 脉冲上升沿作用后,计数器加 1。74LS161 还有一个进位输出端 $CO$,其逻辑关系是 $CO=Q_0 \cdot Q_1 \cdot Q_2 \cdot Q_3 \cdot CET$。合理应用计数器的清零功能和置数功能,一片 74LS161 可以组成 16 进制以下的任意进制分频器。

(1)利用 74LS161 实现任意进制加法计数器

①清零法(置零法)。

反馈清零法是利用反馈电路产生一个给集成计数器的复位信号,使计数器各输出端为零(清零)。反馈电路一般是组合逻辑电路,计数器输出部分或全部作为其输入,在计数器一定的输出状态下及时产生复位信号,使计数电路同步或异步复位。74LS161 是异步清零,根据设计要求写反馈清零函数

$$\overline{R}_D = S_N = \cdots$$

式中,N 为所求计数器的模值;…为反馈的二进制代码。

②置数法。

反馈置数法将反馈逻辑电路产生的信号送到计数电路的置位端,在满足条件时,计数电路输出状态为给定的二进制码。74LS161 是同步置数,根据设计要求写反馈置数函数

$$\overline{LD} = S_{初+N-1} = \cdots$$

式中，$N$ 为所求计数器的模值；初为计数器置数初值；…为反馈的二进制代码。

**2. 可逆(加减)计数器 74LS191**

中规模集成电路计数器 74LS191 是一个四位同步二进制加/减计数器。其引脚图和逻辑功能示意图如图 4.3 和图 4.4 所示，表 4.2 是 74LS191 的功能表。

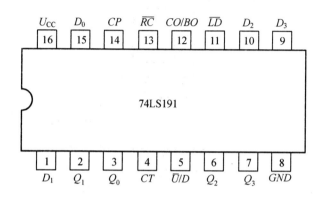

图 4.3  74LS191 的引脚图          图 4.4  74LS191 的逻辑功能示意图

**表 4.2  74LS191 的功能表**

| 输　入 | | | | | | | | 输　出 | |
| --- | --- | --- | --- | --- | --- | --- | --- | --- | --- |
| $\overline{LD}$ | $\overline{CT}$ | $\overline{U}/D$ | $CP$ | $D_3$ | $D_2$ | $D_1$ | $D_0$ | $Q_3\ Q_2\ Q_1\ Q_0$ | |
| 0 | × | × | × | $d_3$ | $d_2$ | $d_1$ | $d_0$ | $d_3\ d_2\ d_1\ d_0$ | 异步置数 |
| 1 | 0 | 0 | ↑ | × | × | × | × | 加计数 | |
| 1 | 0 | 1 | ↑ | × | × | × | × | 减计数 | |
| 1 | 1 | × | × | × | × | × | × | 保　持 | |

从功能表可以看出：

①若 $\overline{U}/D = 0$ 时，计数器 74LS191 做加法计数。

②若 $\overline{U}/D = 1$ 时，计数器 74LS191 做减法计数。

③附加功能：74LS191 除了做加/减计数时，还有预置数控制端 $\overline{LD}$。当 $\overline{LD} = 0$ 时，电路处于预置数状态，$D_0 \sim D_3$ 的数据立刻被置入 $Q_0 \sim Q_3$ 中，而不受时钟输入信号 $CP$ 的控制。因此称异步式预置数。$CT$ 是使能控制端：当 $CT = 1$ 时，$Q_0 \sim Q_3$ 保持不变；当 $CT = 0$ 时，正常计数。$C/B$ 是进位/借位输出端：当作加法计数时 $\overline{U}/D = 0$，且 $Q_3 Q_2 Q_1 Q_0 = 1111$ 时，$C/B = 1$ 有进位输出；在减法计数时 $U/D = 1$，$Q_3 Q_2 Q_1 Q_0 = 0000$ 时，$C/B = 1$ 有借位输出。

**3. 显示及译码**

计数器输出端的状态反映了计数脉冲的多少，通过译码器和显示器把计数器的输出显示为相应的数。二-十进制译码器用于将二-十进制代码译成十进制数字，去驱动十进制的数字显示器件,显示 0~9 十个数字。数码管是一种常用的数字显示器件。LED 发光二极管也用作计数器状态显示,但读取状态时不如数码管直观。

(1)数码管显示方式。

数码管段结构图如图 4.5 所示,计数、译码、显示接口图如图 4.6 所示。

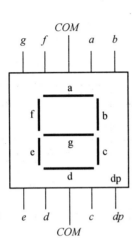

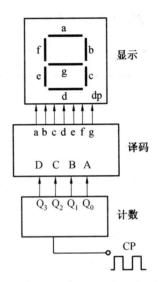

图 4.5　数码管段结构图　　　　　图 4.6　计数、译码、显示接口图

实验箱上已将译码器芯片和数码管连接好,实验时只要将十进制计数器的输出端 $Q_3Q_2Q_1Q_0$ 直接连接到译码器的相应输入端 $DCBA$,即可显示数字 0~9 。

(2)LED 显示方式。

二进制计数器的输出端 $Q_3Q_2Q_1Q_0$ 直接连接四个 LED 灯,通过 LED 灯的亮灭,即可反映计数器的状态。

## 4.1.5　实验内容

**1. 用 74LS161 及 74LS00 实现一个 3 位二进制加法计数器**

要求写出设计过程,画出实验线路图,在实验箱上连线验证,通过 LED 观察并记录实验结果。

**2. 用 74LS191 及 74 LS00 设计一个计数状态从 0011 到 1001 的加法计数器**

根据要求设计电路,画出电路原理图,在实验箱上连线验证,通过 LED 或数码管观察并记录实验结果。

**3. 用 74LS191 及 74LS00 设计一个 1001→1000→0111→0110→0101→0100 的减法计数器**

根据要求设计电路,画出电路原理图,在实验箱上连线验证,通过 LED 或数码管观察并记录实验结果。

### 4.1.6　实验注意事项

(1)注意用异步清零端设计计数器时电路可能存在不稳定现象。

(2)注意74191芯片加/减计数控制端及进位/借位端的正确处理。

### 4.1.7　实验思考题

(1)2片74LS161最大可以实现多少分频?

(2)用74LS161构成任意进制计数器时,同步置数法和异步清零法有什么区别?

(3)共阴极和共阳极数码管有何区别?

### 4.1.8　实验报告要求

(1)根据各实验内容要求,设计出相应逻辑电路图。

(2)根据测试数据结果,画出电路的状态表及状态转换图。

# 4.2　实验二　报警控制电路

### 4.2.1　实验目的

(1)熟悉555型集成时基电路结构、工作原理及其特点。

(2)掌握555型集成时基电路的基本应用。

### 4.2.2　实验预习要求

(1)复习555集成定时器工作原理。

(2)复习多谐振荡器的构成及工作原理。

### 4.2.3　实验仪器与器件

(1)数字万用表:1快;

(2)双踪示波器:1台;

(3)数字实验箱1个;

(4)集成定时器NE555:2片

(5)电阻:若干;

(6)电容:若干。

### 4.2.4　实验原理

集成定时器555的电路结构、工作原理、管脚分配图等参照2.12节。555定时器主要是与电阻、电容构成充放电电路,并由两个比较器来检测电容器上的电压,以确定输出电平的高低和放电开关管的通断。这就很方便地构成从微秒到数十分钟的延时电路,可方便地构成单稳态触发器、多谐振荡器、施密特触发器等脉冲产生或波形变换电路。具体电路和工作原理参照第 1 章。

用 555 定时器可方便地组成占空比可调的多谐振荡器,电路如图 4.7 所示,$D_1$、$D_2$ 用来决定电容充、放电电流流经电阻的途径(充电时 $D_1$ 导通,$D_2$ 截止;放电时 $D_2$ 导通,$D_1$ 截止)。

$$占空比\ P = \frac{t_{w1}}{t_{w1}+t_{w2}} \approx \frac{0.7R_A C}{0.7C(R_A+R_B)} = \frac{R_A}{R_A+R_B}$$

可见,若取 $R_A = R_B$ 电路即可输出占空比为 50% 的方波信号。

还可组成占空比连续可调并能调节振荡频率的多谐振荡器。电路如图 4.8 所示。对 $C_1$ 充电时,充电电流通过 $R_1$、$D_1$、$R_{w2}$ 和 $R_{w1}$;放电时通过 $R_{w1}$、$R_{w2}$、$D_2$、$R_2$。当 $R_1 = R_2$,$R_{w2}$ 调至中心点,因充放电时间基本相等,其占空比约为 50%,此时调节 $R_{w1}$ 仅改变频率,占空比不变。如 $R_{w2}$ 调至偏离中心点,再调节 $R_{w1}$,不仅振荡频率改变,而且对占空比也有影响。$R_{w1}$ 不变,调节 $R_{w2}$,仅改变占空比,对频率无影响。因此,当接通电源后,应首先调节 $R_{w1}$ 使频率至规定值,再调节 $R_{w2}$,以获得需要的占空比。若频率调节的范围比较大,还可以用波段开关改变 $C_1$ 的值。

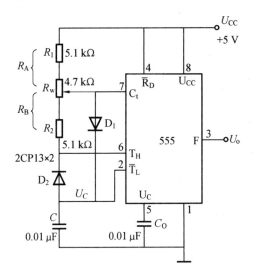

图 4.7　占空比可调的多谐振荡器

两个不同振荡频率的多谐振荡器可组成模拟声响或报警电路。图 4.9 所示电路中,Ⅰ 输出较低频率,Ⅱ 输出较高频率,当 Ⅰ 输出低电平时,Ⅱ 不工作,输出为低电平,扬声器不响。当 Ⅰ 输出高电平时,Ⅱ 振荡,输出连续脉冲信号,扬声器发声。调节滑动变阻器可改变扬声器发声时间。

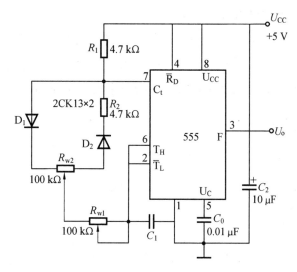

图 4.8　占空比与频率均可调的多谐振荡器

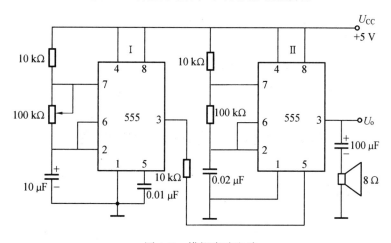

图 4.9　模拟声响电路

## 4.2.5　实验内容

### 1.设计占空比可调多谐振荡器电路

要求输出信号频率为 1 000 Hz,占空比为 40% ~ 60% 可调。参照图 4.7 画出自行设计的电路原理图,标出选择的器件参数。参照原理图在实验箱上接线测试,用示波器观测输出波形,测出周期、频率、幅值等参数。调节器件参数,观测占空比变化情况,示意画出电容电压和输出电压的波形。

### 2.设计一个单稳态电路

要求输出脉宽为 0.5 s。自行设计电路,画出原理图,根据要求确定器件参数值。参照原理图在实验箱上接线,输入触发脉冲,用示波器观测输入、输出波形,测量单稳态电路的输出脉宽。

### 3. 两电路组合实现一个触发报警电路

每触发一次输出 1 000 Hz 的脉冲持续 0.5 s。将所设计单稳态电路与多谐振荡器电路组合实现一个触发报警电路。参照图 4.9 在实验箱上连接电路,画出前后两级输出电压的波形,注意相位关系,标出幅度、脉冲宽度和周期,测量输出信号的频率和占空比。

#### 4.2.6　实验注意事项

(1)注意 555 及 7555 的区别。

(2)注意 555 芯片的电压控制端及异步清零端的正确处理。

#### 4.2.7　实验思考题

(1)如何用 555 时基电路设计占空比可调的多谐振荡电路?

(2)如果要改变报警器的报警时间,如何调整电路参数?

#### 4.2.8　实验报告要求

(1)根据各实验内容要求,画出对应逻辑电路图。

(2)根据所测数据,画出输出波形时序图并分析电路功能。

# 4.3　实验三　顺序脉冲发生器

#### 4.3.1　实验目的

(1)掌握顺序脉冲发生器的工作原理。

(2)掌握用计数器和译码器设计顺序脉冲发生器的方法。

(3)掌握顺序脉冲发生器的调试方法。

#### 4.3.2　实验预习要求

(1)复习顺序脉冲发生器的工作原理及构成方法。

(2)复习计数器 74LS160 的功能及构成任意计数器的方法。

(3)复习 3 线-8 线译码器 74LS138 的功能及使用方法。

#### 4.3.3　实验仪器与器件

(1)数字万用表:1 块;

(2)数字电路实验箱:1 个;

(3)74LS138:1 片;

（4）74LS1611：片；

（5）74LS00：1 片。

### 4.3.4　实验原理

顺序脉冲是一组在时间上有一定先后顺序的脉冲信号。在数字系统中用这组脉冲形成所需要的各种控制信号。顺序脉冲发生器就是用来产生这样一组顺序脉冲的电路。

顺序脉冲发生器可以用移位寄存器构成。图 4.10 即为由移位寄存器构成环形计数器后形成的顺序脉冲发生器，当环形计数器工作在每个状态中只有一个 1 的循环状态时，就是一个顺序脉冲发生器。图 4.11 为输出信号波形图，由图可知，当 $CP$ 端不断输入系列脉冲时，$Q_0 \sim Q_3$ 端将依次输出正脉冲，并不断循环。当环形计数器工作在每个状态中只有一个 1 的循环状态时，就是一个顺序脉冲发生器。这种方案的优点是不必附加译码电路，结构比较简单。缺点是使用的触发器数目比较多，同时还必须采用能自启动的反馈逻辑。

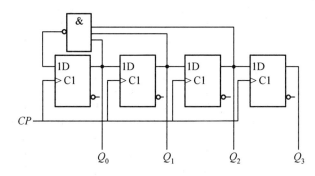

图 4.10　移位寄存器构成的顺序脉冲发生器

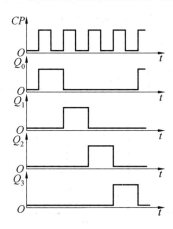

图 4.11　电压波形图

在顺序脉冲数较多时，可以用计数器和译码器组合成顺序脉冲发生器。中规模集成译码器大多数均设有控制输入端，可以作为选通脉冲的输入端使用。

集成四位同步二进制加法计数器 74LS161 的工作原理参考 3.1 节。

74LS138 为 3 线–8 线译码器，引脚如图 4.12 所示，其工作原理如下：

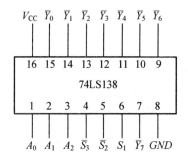

图 4.12　74LS138 引脚图

当一个选通端($S_1$)为高电平，另两个选通端($\overline{S_2}$)和($\overline{S_3}$)为低电平时，可将地址端($A_2$, $A_1$, $A_0$)的二进制编码在一个对应的输出端以低电平译出。其功能表见表 4.3。

表 4.3　74LS138 功能表

| 输　　入 | | | | | 输　　出 | | | | | | | |
|---|---|---|---|---|---|---|---|---|---|---|---|---|
| $S_1$ | $\overline{S_2}+\overline{S_3}$ | $A_2$ | $A_1$ | $A_0$ | $\overline{Y_0}$ | $\overline{Y_1}$ | $\overline{Y_2}$ | $\overline{Y_3}$ | $\overline{Y_4}$ | $\overline{Y_5}$ | $\overline{Y_6}$ | $\overline{Y_7}$ |
| 0 | × | × | × | × | 1 | 1 | 1 | 1 | 1 | 1 | 1 | 1 |
| × | 1 | × | × | × | 1 | 1 | 1 | 1 | 1 | 1 | 1 | 1 |
| 1 | 0 | 0 | 0 | 0 | 0 | 1 | 1 | 1 | 1 | 1 | 1 | 1 |
| 1 | 0 | 0 | 0 | 1 | 1 | 0 | 1 | 1 | 1 | 1 | 1 | 1 |
| 1 | 0 | 0 | 1 | 0 | 1 | 1 | 0 | 1 | 1 | 1 | 1 | 1 |
| 1 | 0 | 0 | 1 | 1 | 1 | 1 | 1 | 0 | 1 | 1 | 1 | 1 |
| 1 | 0 | 1 | 0 | 0 | 1 | 1 | 1 | 1 | 0 | 1 | 1 | 1 |
| 1 | 0 | 1 | 0 | 1 | 1 | 1 | 1 | 1 | 1 | 0 | 1 | 1 |
| 1 | 0 | 1 | 1 | 0 | 1 | 1 | 1 | 1 | 1 | 1 | 0 | 1 |
| 1 | 0 | 1 | 0 | 1 | 1 | 1 | 1 | 1 | 1 | 1 | 1 | 0 |

图 4.13 电路是用 4 位同步计数器 74LS161 和 3 线–8 线计数器 74LS138 构成的顺序脉冲发生器电路，图 4.14 是电压波形图。

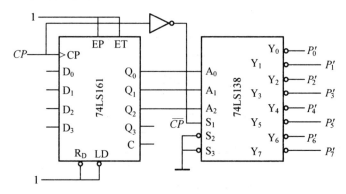

图 4.13　中规模集成电路构成的顺序脉冲发生器

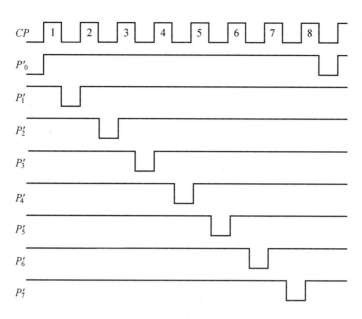

图 4.14　电压波形图

## 4.3.5　实验内容

**1. 用 74LS161 构成八进制计数器**

要求计数顺序为 000～111,用同步置数端实现。参照图 4.15,在实验箱上接线,接入计数脉冲,输出接 LED 测试所设计电路。

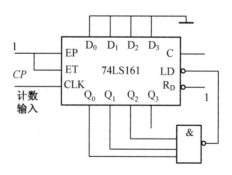

图 4.15　74LS161 构成八进制计数器

**2. 用 74LS161 和 74LS138 设计一个顺序脉冲发生器电路**

要求在连续输入 $CP$ 脉冲作用下,译码器输出端依次输出 8 个负脉冲。参照图 4.13 在试验箱上接线,接入计数脉冲,输出端接逻辑电平显示二极管(LED),对照图 4.14 验证电路的有效性。

**3. 用 74LS161 和 74LS138 设计依次输出 16 个负脉冲的电路**

参照图 4.13 设计一顺序脉冲发生器,要求在连续输入 $CP$ 脉冲作用下,译码器输出端依次输出 16 个负脉冲。画出所设计电路原理图,在实验箱上接线测试。

### 4.3.6 实验注意事项

(1)注意芯片的使能端正确接法。

(2)注意 74138、74161 地址码输入端的高低位对应位连接正确,输出的为顺序负脉冲。

### 4.3.7 实验思考题

(1)如何设计 16 个输出端的顺序脉冲发生器电路?

(2)如何使输出端依次输出正脉冲?

### 4.3.8 实验报告要求

(1)根据各实验内容要求,设计并画出相应逻辑电路图。

(2)根据测试结果,画出时序图及状态图。

# 4.4 实验四 智能售货机控制电路

### 4.4.1 实验目的

(1)掌握简单时序逻辑电路的设计方法。

(2)进一步学习时序电路的调试方法。

### 4.4.2 实验预习要求

(1)复习时序电路的设计步骤及方法。

(2)查阅资料,了解双 $D$ 触发器 74LS74 的逻辑功能。

### 4.4.3 实验仪器与器件

(1)数字万用表:1 块;

(2)数字电路实验箱:1 个;

(3)双 $D$ 触发器 74LS74:1 片;

(4)四 2 输入与非门 74LS00:1 片;

(5)四 2 输入与门 74LS08:3 片;

(6)3 输入或门:1 片。

## 4.4.4 实验原理

**1. 同步时序逻辑电路的设计**

①根据设计要求,设定状态,确定触发器数目和类型,画出状态转换图。

②状态化简。

前提:保证满足逻辑功能要求。

方法:将等价状态(多余的重复状态)合并为一个状态。

③状态分配,列出状态转换编码表。

通常采用自然二进制数进行编码。$N$ 为电路的状态数。每个触发器表示一位二进制数,因此,触发器的数目 $n$ 可按下式确定

$$2^n \geqslant N > 2^{n-1}$$

④画状态转换卡诺图,求出状态方程、输出方程。

选择触发器的类型(一般可选 $JKF/F$ 或 $DF/F$,由于 $JK$ 触发器使用比较灵活,因此,在设计中多选用 $JK$ 触发器),将状态方程和触发器的特性方程进行比较,得出驱动方程。

⑤根据驱动方程和输出方程画逻辑图。

⑥检查电路有无自启动能力。

如设计的电路存在无效状态时,应检查电路进入无效状态后,能否在时钟脉冲作用下自动返回有效状态工作。如能回到有效状态,则电路有自启动能力;如不能,则需修改设计,使电路具有自启动能力。

**2. 双 D 触发器 74LS74**

74LS74 功能表见表 4.4,引脚图如图 4.16 所示。74LS74 内含两个独立的上升沿双 $D$ 触发器,每个触发器有数据输入($D$)、置位输入($PR$)、复位输入($CLR$)、时钟输入($CP$)和数据输出($Q$)。置位输入($PR$)和复位输入($CLR$)低电平使输出预置或清除,而与其他输入端的电平无关。当均无效(高电平)时,$D$ 数据在 $CP$ 上升沿作用下传送到输出端。

**表 4.4 74LS74 功能表**

| 输 入 | | | | 输 出 | |
|---|---|---|---|---|---|
| $PR$ | $CLR$ | $CP$ | $D$ | $Q^{n+1}$ | $\overline{Q}^{n+1}$ |
| 0 | 1 | × | × | 1 | 0 |
| 1 | 0 | × | × | 0 | 1 |
| 0 | 0 | × | × | $\varnothing$ | $\varnothing$ |
| 1 | 1 | ↑ | 1 | 1 | 0 |
| 1 | 1 | ↑ | 0 | 0 | 1 |
| 1 | 1 | ↑ | × | $Q_n$ | $\overline{Q}_n$ |

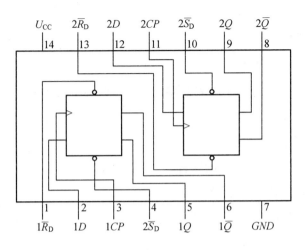

图 4.16　74LS74 引脚图

### 4.4.5　设计任务

用双 $D$ 触发器 74LS74 设计一个智能售货机控制电路,它的投币口每次只能投入一枚五角或一元的硬币。投入一元五角钱硬币后机器自动给出一杯饮料;投入两元(两枚一元)硬币后,在给出饮料的同时找回一枚五角的硬币。

### 4.4.6　实验内容

#### 1. 根据设计任务,写出详细的设计步骤

提示:取投币信号为输入逻辑变量,投入一枚一元硬币时用 $A=1$ 表示,未投入时 $A=0$。投入一枚五角硬币时用 $B=1$ 表示,未投入时 $B=0$。给出饮料和找钱为两个输出变量,分别用 $Y$ 和 $Z$ 表示。给出饮料时,$Y=1$,不给时 $Y=0$。找回一枚五角硬币时 $Z=1$,不找时 $Z=0$。

设未投币前电路的初始状态为 $S_0$,投入五角硬币以后为 $S_1$,投入一元硬币(包括投入一枚一元硬币和投入两枚五角硬币)以后为 $S_2$。再投入一枚五角硬币后给出饮料电路返回 $S_0$,同时输出为 $Y=1$,$Z=0$。如果投入的是一枚一元硬币,则电路返回 $S_0$,同时输出为 $Y=1$,$Z=1$。电路的状态数 $M=3$,根据题意可画出状态转换图,如图 4.17 所示。

取触发器的位数 $n=2$,$2^1<3<2^2$。以触发器状态 $Q_1$,$Q_0$ 的 00,01,10 分别表示 $S_0$,$S_1$,$S_2$,则从状态转换表可画出表示电路次态/输出($Q_1^{n+1}Q_0^{n+1}/YZ$)的卡诺图,如图 4.18 所示。

#### 2. 画出原理图和实际连线图

根据提示及给定的器件,画出电路原理图,拟定实验步骤。

#### 3. 在实验箱上连线调试,输入用逻辑电平开关,输出用 LED 验证

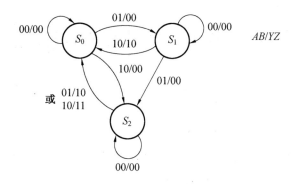

图 4.17　自动售货机的状态转换图

| $Q_1Q_0$ \ $AB$ | 00 | 01 | 11 | 10 |
|---|---|---|---|---|
| 00 | 00/00 | 01/00 | × × / × × | 10/00 |
| 01 | 01/00 | 10/00 | × × / × × | 00/10 |
| 11 | × × / × × | × × / × × | × × / × × | × × / × × |
| 10 | 10/00 | 00/10 | × × / × × | 00/11 |

图 4.18　电路次态/输出$(Q_1^{n+1} Q_0^{n+1}/YZ)$的卡诺图

## 4.4.7　实验注意事项

(1)注意每个芯片的电源与接地端正确连接,切记不能接反,否则损坏器件。

(2)电路应加入上电自动复位功能。

## 4.4.8　实验思考题

(1)如果用 $JK$ 触发器如何设计?

(2)该电路能自启动吗? 如何用实验验证?

## 4.4.9　实验报告要求

(1)根据实验内容要求,设计出相应逻辑电路图。

(2)根据测试结果,画出电路的状态转换图。

# 4.5  实验五  简易数字钟设计

## 4.5.1  实验目的

(1)了解数字钟的基本原理与设计方法。

(2)掌握集成计数器的级联、功能扩展及 $N$ 进制计数器的设计方法。

(3)掌握计数、译码、显示系统的构成方法。

## 4.5.2  实验预习要求

(1)学习 74LS160、74LS290 的功能及构成任意计数器的方法。

(2)学习 555 定时器的工作原理及构成多谐振荡器的方法。

(3)学习显示译码器及显示器件的工作原理。

## 4.5.3  实验仪器与器件

(1)数字万用表:1 块;

(2)数字电路实验箱:1 台;

(3)74LS160(同步二–十进制加法计数器):8 片;

(4)74LS48(TTL 七段字形译码器):6 片;

(5)LC4051(共阴七段发光二极管数字管):6 只;

(6)74LS00(TTL 四二输入与非门):1 片。

## 4.5.4  实验原理

### 1.设计方案

数字钟实际上是由一个对标准频率(1 Hz)进行计数的计数电路为主要部分构成的,设计方案如图 4.19 所示。

数字钟能达到准确计时,并显示小时、分、秒,同时能对该钟进行调整。在此基础上,还能够实现整点报时,定时报闹等功能。

### 2.秒脉冲发生器

秒脉冲发生器的构成可以运用 555 构成多谐振荡器,如图 4.20 所示。振荡周期 $T = T_1 + T_2$,$T_1$ 为电容充电时间,$T_2$ 为电容放电时间。充电时间 $T_1 = (R_1 + R_2)C\ln 2 \approx 0.7(R_1 + R_2)C$,放电时间 $T_2 = R_2 C\ln 2 \approx 0.7R_2 C$,矩形波的振荡周期 $T = T_1 + T_2 = \ln 2(R_1 + 2R_2)C \approx 0.7(R_1 + 2R_2)C$。因此改变 $R_1$、$R_2$ 和电容 $C$ 的值,便可改变矩形波的周期和频率。

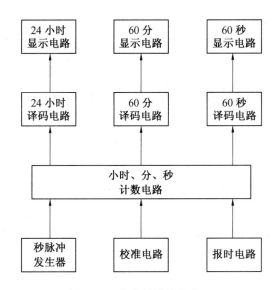

图 4.19　数字钟设计方案

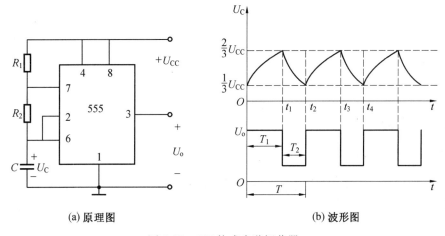

(a) 原理图　　　　　　　　　　　　(b) 波形图

图 4.20　555 构成多谐振荡器

### 3. 秒、分、小时计数电路

用 74LS160 构成 60 进制和 24 进制计数器,然后进行级联组成秒、分、小时计数。74LS160 为异步复位,同步置数,$EP,ET$ 同时为"1"时才可以计时,其中之一为低电平时,则保持。$CO$ 产生进位信号。74LS160 相对于其他芯片来说,功能较少,使用简单。用 74LS160 构成 60 进制计数器,如图 4.21 所示,用 74LS160 构成 24 进制计数器,如图 4.22 所示。

### 4. 译码、显示电路

参见 3.1 节。

## 4.5.5　设计任务

(1)设计一个数字钟的时、分、秒计数电路、译码、显示部分。

(2)画出实验线路图。

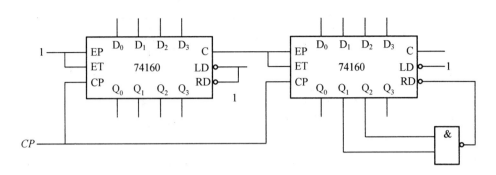

图 4.21　74LS160 构成 60 进制计数器

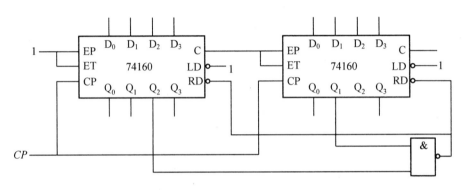

图 4.22　74LS160 构成 24 进制计数器

### 4.5.6　实验内容

(1)用 555 多谐振荡器设计一个振荡源,使其产生 1 Hz 的脉冲信号。

(2)用 74LS160 设计时间计数电路,时采用 24 进制,分与秒采用 60 进制。

(3)画出设计电路,在实验箱上对整个电路进行连接调试。

### 4.5.7　实验注意事项

(1)注意使用器件较多,接线复杂,应采用层次化设计方法,即先设计底层电路,最后再联调。

(2)注意本实验最好采用双 10 进制计数器芯片。

### 4.5.8　实验思考题

(1)什么是异步清零? 什么是同步置数?

(2)如何用 74LS160 构成 48 进制计数器? 用两种方法进行设计。

### 4.5.9　实验报告要求

(1)根据实验内容要求,设计出各模块电路图。

(2)根据测试结果,总结电路功能。

# 4.6 实验六 数字频率计

## 4.6.1 实验目的

(1)熟悉测量信号频率的方法。

(2)初步掌握数字频率计的设计方法及应用。

(3)学会所学知识的综合运用。

## 4.6.2 实验预习要求

(1)查阅有关数字频率计的相关知识。

(2)查阅所有器件的工作原理及管脚分配。

## 4.6.3 实验仪器与器件

(1)双踪示波器:1 台;

(2)数字万用表:1 块;

(3)数字实验箱:1 个;

(4)CC4518(二–十进制同步计数器):1 片;

(5)CC4553(三位十进制计数器):1 片;

(6)CC4013(双 $D$ 触发器):2 片;

(7)CC4011(四 2 输入与非门):2 片;

(8)CC4069(六反相器):1 片;

(9)CC4001(四 2 输入或非门):1 片;

(10)CC4071(四 2 输入或门):1 片;

(11)二极管:若干;

(12)电位器:若干;

(13)电阻:若干;

(14)电容:若干。

## 4.6.4 实验原理

脉冲信号的频率就是在单位时间内所产生的脉冲个数,其表达式为 $f = N/T$,其中 $f$ 为被测信号的频率,$N$ 为计数器所累计的脉冲个数,$T$ 为产生 $N$ 个脉冲所需的时间。计数器所记录的结果,就是被测信号的频率。如在 1 s 内记录 1 000 个脉冲,则被测信号的频率为 1 000 Hz。

本实验仅讨论一种简单易制的数字频率计,其原理方框图如图 4.23 所示。

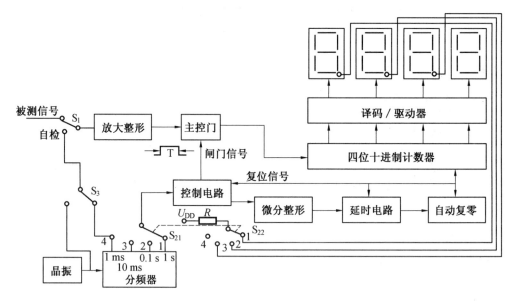

图 4.23　数字频率计原理框图

晶振产生较高的标准频率,经分频器后可获得各种时基脉冲(1 ms,10 ms,0.1 s,1 s 等),时基信号的选择由开关 $S_2$ 控制。被测频率的输入信号经放大整形后变成矩形脉冲加到主控门的输入端,如果被测信号为方波,放大整形可以不要,将被测信号直接加到主控门的输入端。时基信号经控制电路产生闸门信号至主控门,只有在闸门信号采样期间内(时基信号的一个周期),输入信号才通过主控门。若时基信号的周期为 $T$,进入计数器的输入脉冲数为 $N$,则被测信号的频率 $f=N/T$,改变时基信号的周期 $T$,即可得到不同的测频范围。当主控门关闭时,计数器停止计数,显示器显示记录结果。此时控制电路输出一个置零信号,经延时、整形电路的延时,当达到所调节的延时时间时,延时电路输出一个复位信号,使计数器和所有的触发器置 0,为后续新的一次取样做好准备,即能锁住一次显示的时间,使保留到接收新的一次取样为止。

当开关 $S_2$ 改变量程时,小数点能自动移位。

若开关 $S_1$,$S_3$ 配合使用,可将测试状态转为"自检"工作状态(即用时基信号本身作为被测信号输入)。

**1. 控制电路**

控制电路与主控门电路如图 4.24 所示。

主控电路由双 $D$ 触发器 CC4013 及与非门 CC4011 构成。CC4013(a)的任务是输出闸门控制信号,以控制主控门(2)的开启与关闭。如果通过开关 $S_2$ 选择一个时基信号,当给与非门(1)输入一个时基信号的下降沿时,门 1 就输出一个上升沿,则 CC4013(a)的 $Q_1$ 端就由低电平变为高电平,将主控门 2 开启。允许被测信号通过该主控门并送至计数器输入端进行计数。相隔 1 s(或 0.1 s,10 ms,1 ms)后,又给与非门 1 输入一个时基信号的下降沿,与非门 1 输出端又产生一个上升沿,使 CC4013(a)的 $Q_1$ 端变为低电平,将主控门关闭,使计数器停止计数,同时 $\overline{Q}_1$ 端产生一个上升沿,使 CC4013(b)翻转成 $Q_2=1$,$\overline{Q}_2=0$。由于 $\overline{Q}_2=0$,它立即封锁与非门 1 不再让时基信号进入 CC4013(a),保证在显示读数的时间内 $Q_1$ 端始终保持低电平,使计数器停止计数。

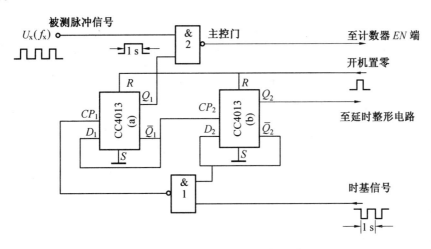

图 4.24　控制电路及主控门电路

利用 $Q_2$ 端的上升沿送到下一级的延时、整形单元电路。当到达所调节的延时时间时,延时电路输出端立即输出一个正脉冲,将计数器和所有 $D$ 触发器全部置 0。复位后,$Q_1=0$,$\overline{Q}_1=1$,为下一次测量做好准备。当时基信号又产生下降沿时,则上述过程重复。

**2. 微分、整形电路**

电路如图 4.25 所示。CC4013(b)的 $Q_2$ 端所产生的上升沿经微分电路后,送到由与非门 CC4011 组成的斯密特整形电路的输入端,在其输出端可得到一个边沿十分陡峭且具有一定脉冲宽度的负脉冲,然后再送至下一级延时电路。

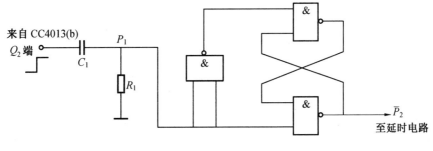

图 4.25　微分、整形电路

### 3. 延时电路

延时电路由 $D$ 触发器 CC4013(c)、积分电路(由电位器 $R_{w1}$ 和电容器 $C_2$ 组成)、非门(3)以及单稳态电路所组成,如图 4.26 所示。由于 CC4013(c)的 $D_3$ 端接 $U_{DD}$,因此,在 $P_2$ 点所产生的上升沿作用下,CC4013(c)翻转,翻转后 $\overline{Q_3}=0$,由于开机置"0"时或门(1)(见图 4.27)输出的正脉冲将 CC4013(c)的 $Q_3$ 端置"0",因此 $\overline{Q_3}=1$,经二极管 2AP9 迅速给电容 $C_2$ 充电,使 $C_2$ 二端的电压达"1"电平,而此时 $\overline{Q_3}=0$,电容器 $C_2$ 经电位器 $R_{w1}$ 缓慢放电。当电容器 $C_2$ 上的电压放电降至非门(3)的阈值电平 $U_T$ 时,非门(3)的输出端立即产生一个上升沿,触发下一级单稳态电路。此时,$P_3$ 点输出一个正脉冲,该脉冲宽度主要取决于时间常数 $R_t C_t$ 的值,延时时间为上一级电路的延时时间及这一级延时时间之和。

由实验求得,如果电位器 $R_{w1}$ 用 510 $\Omega$ 的电阻代替,$C_2$ 取 3 $\mu$F,则总的延迟时间也就是显示器所显示的时间为 3 s 左右。如果电位器 $R_{w1}$ 用 2 M$\Omega$ 的电阻取代,$C_2$ 取 22 $\mu$F,则显示时间可达 10 s 左右。可见,调节电位器 $R_{w1}$ 可以改变显示时间。

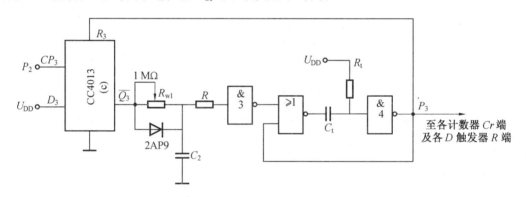

图 4.26 延时电路

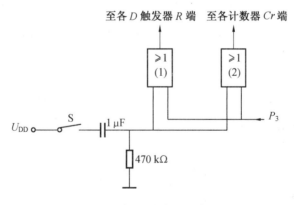

图 4.27 自动清零电路

### 4. 自动清零电路

$P_3$ 点产生的正脉冲送到图 4.27 所示的或门组成的自动清零电路,将各计数器及所有的触发器置零。在复位脉冲的作用下，$Q_3 = 0$，$\overline{Q_3} = 1$，于是 $\overline{Q_3}$ 端的高电平经二极管 2AP9 再次对电容 $C_2$ 充电，补上刚才放掉的电荷，使 $C_2$ 两端的电压恢复为高电平，又因为 CC4013（b）复位后使 $Q_2$ 再次变为高电平，所以与非门 1 又被开启，电路重复上述变化过程。

### 4.6.5　设计任务

使用中、小规模集成电路设计与制作一台简易的数字频率计。应具有下述功能：

**1. 位数：计 4 位十进制数**

计数位数主要取决于被测信号频率的高低，如果被测信号频率较高，精度又较高，可相应增加显示位数。

**2. 量程**

第一挡：最小量程挡，最大读数是 9.999 kHz，闸门信号的采样时间为 1 s。

第二挡：最大读数为 99.99 kHz，闸门信号的采样时间为 0.1 s。

第三挡：最大读数为 999.9 kHz，闸门信号的采样时间为 10 ms。

第四挡：最大读数为 9999 kHz，闸门信号的采样时间为 1 ms。

**3. 显示方式**

① 用七段 LED 数码管显示读数，做到显示稳定、不跳变。

② 小数点的位置跟随量程的变更而自动移位。

③ 为了便于读数，要求数据显示的时间在 0.5 ~ 5 s 内连续可调。

（4）具有"自检"功能。

（5）被测信号为方波信号。

### 4.6.6　实验内容

**1. 画出设计的数字频率计的电路总图**

**2. 组装和调试**

①时基信号通常使用石英晶体振荡器输出的标准频率信号经分频电路获得。为了实验调试方便，可用实验设备上脉冲信号源输出的 1 kHz 方波信号经 3 次 10 分频获得。

②按设计的数字频率计逻辑图在实验装置上布线。

③用 1 kHz 方波信号送入分频器的 $CP$ 端，用数字频率计检查各分频级的工作是否正常。用周期为 1 s 的信号作为控制电路的时基信号输入，用周期等于 1 ms 的信号作为被测信号，用示波器观察和记录控制电路输入、输出波形，检查控制电路所产生的各控制信号能否按正确的时序要求控制各个子系统。用周期为 1 s 的信号送入各计数器的 $CP$ 端，用发光二极管指示检查各计数器的工作是否正常。用周期为 1 s 的信号为延时、整形单元电路的输入，用两只发光二极管作指示，检查延时、整形单元电路的输入，用两只发光二极管作指示，检查延时、整形单

元电路的工作是否正常。若各个子系统的工作都正常了,再将各子系统连起来统调。

注:本实验要求综合应用能力较强,可作为部分学生课后选作实验。

### 4.6.7　实验注意事项

(1)本实验必须在实验前做好充分的预习,否则在规定时间里无法完成。

(2)注意本实验可以在2学时内完成部分电路的设计与调试工作。

### 4.6.8　实验思考题

(1)频率计的挡位与闸门信号的关系?

(2)挡位切换电路的原理,使用的是哪种功能的逻辑电路。

### 4.6.9　实验报告要求

(1)根据实验内容要求,设计出各个模块的电路图。

(2)根据测试结果,分析总结频率计的原理。

# 4.7　实验七　拔河游戏机

### 4.7.1　实验目的

(1)熟悉拔河游戏机的工作原理。

(2)掌握知识的综合运用,按要求设计电路。

### 4.7.2　实验预习要求

(1)查阅有关拔河游戏机的资料。

(2)复习计数器的设计及应用。

(3)复习译码显示工作原理。

### 4.7.3　实验设备及器件

(1)数字万用表:1块;

(2)数字实验箱(带有数码显示):1个;

(3)4线-16线译码/分配器 CC4514:2片;

(4)同步递增/递减二进制计数器 CC40193:4片;

(5)十进制计数器 CC4518:2片;

(6)与门 CC4081:3片;

（7）与非门 CC4011：3 片；

（8）异或门 CC4030：2 片；

（9）电阻 1 kΩ：4 个。

## 4.7.4 实验原理

拔河游戏机需用 15 个（或 9 个）发光二极管排列成一行，开机后只有中间一个点亮，以此作为拔河的中心线，游戏双方各持一个按键，迅速地、不断地按动产生脉冲，谁按得快，亮点向谁方向移动，每按一次，亮点移动一次。移到任一方终端二极管点亮，这一方就得胜，此时双方按键均无作用，输出保持，只有经复位后才使亮点恢复到中心线。

实验电路框图如图 4.28 所示。

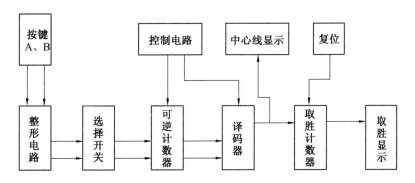

图 4.28 拔河游戏机线路框图

整机电路图如图 4.29 所示。

以下简要介绍本实验用到的主要芯片引脚排列及功能。

### 1. CC40193 同步二进制加/减计数器引脚排列及功能

引脚排列图和逻辑符号如图 4.30 所示。功能表见表 4.5。

表 4.5 CC40193 功能表

| 输　　　　　入 | | | | | | | | 输　　　出 | | | |
| --- | --- | --- | --- | --- | --- | --- | --- | --- | --- | --- | --- |
| $CR$ | $\overline{LD}$ | $CP_U$ | $CP_D$ | $D_3$ | $D_2$ | $D_1$ | $D_0$ | $Q_3$ | $Q_2$ | $Q_1$ | $Q_0$ |
| 1 | × | × | × | × | × | × | × | 0 | 0 | 0 | 0 |
| 0 | 0 | × | × | $d$ | $c$ | $b$ | $a$ | $d$ | $c$ | $b$ | $a$ |
| 0 | 1 | ↑ | 1 | × | × | × | × | 加　计　数 | | | |
| 0 | 1 | 1 | ↑ | × | × | × | × | 减　计　数 | | | |

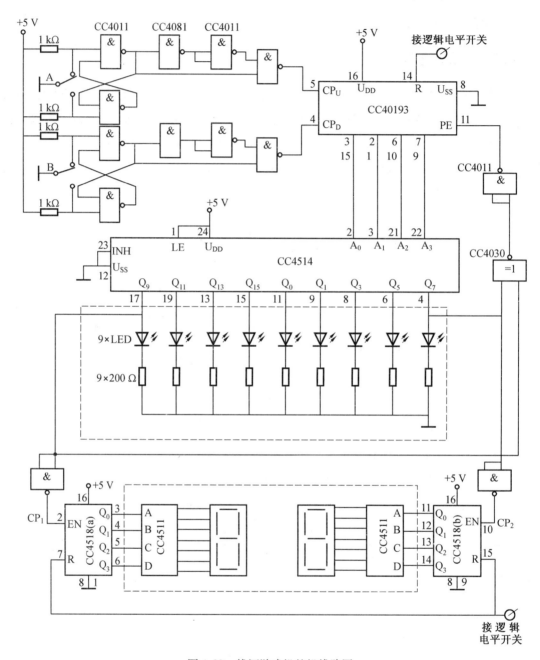

图 4.29　拔河游戏机整机线路图

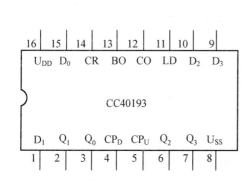

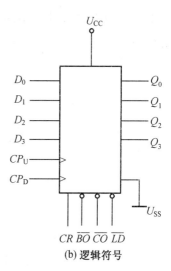

(a) 引脚排列　　　　　　　　　　　　(b) 逻辑符号

图 4.30　CC40193 引脚排列及逻辑符号

$\overline{LD}$—置数端；$CP_U$—加计数端；$CP_D$—减计数端；$\overline{CO}$—非同步进位输出端；$\overline{BO}$—非同步借位输出端；$D_0$、$D_1$、$D_2$、$D_3$—计数器输入端；$Q_0$、$Q_1$、$Q_2$、$Q_3$—数据输出端；$CR$—清除端

### 2. CC4514 4 线-16 线译码器引脚排列及功能

引脚排列如图 4.31 所示，功能表见表 4.6。

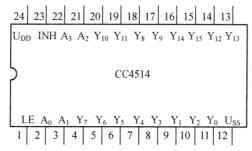

图 4.31　CC4514 引脚排列

$A_0 \sim A_3$— 数据输入端；$INH$—输出禁止控制端；$LE$—数据锁存控制端；$Y_0 \sim Y_{15}$—数据输出端

表 4.6　CC4514 功能表

| 输 | 入 | | | | 高电平输出端 | 输 | 入 | | | | 高电平输出端 |
|---|---|---|---|---|---|---|---|---|---|---|---|
| $LE$ | $INH$ | $A_3$ | $A_2$ | $A_1$ | $A_0$ | | $LE$ | $INH$ | $A_3$ | $A_2$ | $A_1$ | $A_0$ | |

| $LE$ | $INH$ | $A_3$ | $A_2$ | $A_1$ | $A_0$ | 高电平输出端 | $LE$ | $INH$ | $A_3$ | $A_2$ | $A_1$ | $A_0$ | 高电平输出端 |
|---|---|---|---|---|---|---|---|---|---|---|---|---|---|
| 1 | 0 | 0 | 0 | 0 | 0 | $Y_0$ | 1 | 0 | 1 | 0 | 0 | 1 | $Y_9$ |
| 1 | 0 | 0 | 0 | 0 | 1 | $Y_1$ | 1 | 0 | 1 | 0 | 1 | 0 | $Y_{10}$ |
| 1 | 0 | 0 | 0 | 1 | 0 | $Y_2$ | 1 | 0 | 1 | 0 | 1 | 1 | $Y_{11}$ |
| 1 | 0 | 0 | 0 | 1 | 1 | $Y_3$ | 1 | 0 | 1 | 1 | 0 | 0 | $Y_{12}$ |
| 1 | 0 | 0 | 1 | 0 | 0 | $Y_4$ | 1 | 0 | 1 | 1 | 0 | 1 | $Y_{13}$ |
| 1 | 0 | 0 | 1 | 0 | 1 | $Y_5$ | 1 | 0 | 1 | 1 | 1 | 0 | $Y_{14}$ |
| 1 | 0 | 0 | 1 | 1 | 0 | $Y_6$ | 1 | 0 | 1 | 1 | 1 | 1 | $Y_{15}$ |
| 1 | 0 | 0 | 1 | 1 | 1 | $Y_7$ | 1 | 1 | × | × | × | × | 无 |
| 1 | 0 | 1 | 0 | 0 | 0 | $Y_8$ | 0 | 0 | × | × | × | × | ① |

注：①输出状态锁定在上一个 $LE=1$ 时，$A_0 \sim A_3$ 的输入状态

### 3. CC4518 双十进制同步计数器引脚排列及功能

引脚排列如图4.32所示,功能见表4.7。

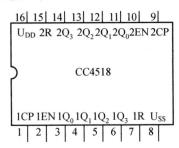

图 4.32 CC4518 引脚排列及逻辑符号

$1CP$、$2CP$ — 时钟输入端;$1R$、$2R$ — 清除端;$1EN$、$2EN$ — 计数允许控制端;

$1Q_0 \sim 1Q_3$ — 计数器输出端;$2Q_0 \sim 2Q_3$ — 计数器输出端

**表 4.7 CC4518 功能表**

| 输　　　入 | | | 输出功能 |
|---|---|---|---|
| $CP$ | $R$ | $EN$ | |
| ↑ | 0 | 1 | 加 计 数 |
| 0 | 0 | ↓ | 加 计 数 |
| ↓ | 0 | × | 保　　持 |
| × | 0 | ↑ | |
| ↑ | 0 | 0 | |
| 1 | 0 | ↓ | |
| × | 1 | × | 全部为"0" |

## 4.7.5 实验内容

给定实验设备和主要元器件,按照电路的各部分组合成一个完整的拔河游戏机。图4.28为拔河游戏机整机线路图。

可逆计数器CC40193原始状态输出4位二进制数0000,经译码器输出使中间的一只发光二极管点亮。当按动A、B两个按键时,分别产生两个脉冲信号,经整形后分别加到可逆计数器上,可逆计数器输出的代码经译码器译码后驱动发光二极管点亮并产生位移,当亮点移到任何一方终端后,由于控制电路的作用,使这一状态被锁定,而对输入脉冲不起作用。如按动复位键,亮点又回到中点位置,比赛又可重新开始。

将双方终端二极管的正端分别经两个与非门后接至两个十进制计数器CC4518的允许控制端$EN$,当任一方取胜,该方终端二极管点亮,产生一个下降沿使其对应的计数器计数。这样,计数器的输出即显示了胜者取胜的盘数。

### 1. 编码电路

编码器有两个输入端,四个输出端,要进行加/减计数,因此选用 CC40193 双时钟二进制同步加/减计数器来完成。

### 2. 整形电路

CC40193 是可逆计数器,控制加减的 $CP$ 脉冲分别加至 5 脚和 4 脚,此时当电路要求进行加法计数时,减法输入端 $CP_D$ 必须接高电平;进行减法计数时,加法输入端 $CP_U$ 也必须接高电平,若直接由 A、B 键产生的脉冲加到 5 脚或 4 脚,那么就有很多时机在进行计数输入时另一计数输入端为低电平,使计数器不能计数,双方按键均失去作用,拔河比赛不能正常进行。加一整形电路,使 A、B 二键出来的脉冲经整形后变为一个占空比很大的脉冲,这样就减少了进行某一计数时另一计数输入为低电平的可能性,从而使每按一次键都有可能进行有效的计数。整形电路由与门 CC4081 和与非门 CC4011 实现。

### 3. 译码电路

选用 4 线–16 线 CC4514 译码器。译码器的输出 $Q_0 \sim Q_{14}$ 分接 15 个(或 9 个)个发光二极管,二极管的负端接地,而正端接译码器;这样,当输出为高电平时发光二极管点亮。

比赛准备,译码器输入为 0000,$Q_0$ 输出为"1",中心处二极管首先点亮,当编码器进行加法计数时,亮点向右移,进行减法计数时,亮点向左移。

### 4. 控制电路

为指示出谁胜谁负,需用一个控制电路。当亮点移到任何一方的终端时,判该方为胜,此时双方的按键均宣告无效。此电路可用异或门 CC4030 和非门 CC4011 来实现。将双方终端二极管的正极接至异或门的两个输入端,当获胜一方为"1",而另一方则为"0",异或门输出为"1",经非门产生低电平"0",再送到 CC40193 计数器的置数端 $\overline{PE}$,于是计数器停止计数,处于预置状态,由于计数器数据端 $A,B,C,D$ 和输出端 $Q_A,Q_B,Q_C,Q_D$ 对应相连,输入也就是输出,从而使计数器对输入脉冲不起作用。

### 5. 胜负显示

将双方终端二极管正极经非门后的输出分别接到两个 CC4518 计数器的 $EN$ 端,CC4518 的两组 4 位 BCD 码分别接到实验装置的两组译码显示器的 $A,B,C,D$ 插口处。当一方取胜时,该方终端二极管发亮,产生一个上升沿,使相应的计数器进行加一计数,于是就得到了双方取胜次数的显示,若一位数不够,则进行两位数的级联。

### 6. 复位

为能进行多次比赛而需要进行复位操作,使亮点返回中心点,可用一个开关控制 CC40193 的清零端 $R$ 即可。

胜负显示器的复位也应用一个开关来控制胜负计数器 CC4518 的清零端 $R$,使其重新计数。

注:本实验要求综合应用能力较强,课堂 2 学时无法完成,可作为部分学生课后选作实验,学生自拟实验步骤,选作实验方法。

### 4.7.6　实验注意事项

(1)注意本实验使用器件的所有引脚不允许悬空,否则导致电路工作不稳定。

(2)注意本实验可作为课外开放实验项目完成。

### 4.7.7　实验思考题

(1)如何保证该系统完成的成功率?

(2)查阅资料说明电子系统设计调试过程的常用方法。

### 4.7.8　实验报告要求

(1)根据实验内容要求,设计出相应模块的逻辑电路图及系统总图。

(2)根据测试结果,分析总结本系统功能原理。

# 参考文献

［1］阎石.数字电子技术基础［M］.5 版.北京:高等教育出版社,2010.

［2］康华光.电子技术基础:数字部分［M］.5 版.北京:高等教育出版社,2009.

［3］侯建军.电子技术基础实验、综合设计实验与课程设计［M］.北京:高等教育出版社,2007.

［4］王立欣,杨春玲.电子技术实验与课程设计［M］.哈尔滨:哈尔滨工业大学出版社,2005.

［5］李震梅,房永钢.电子技术实验与课程设计［M］.北京:机械工业出版社,2011.

［6］胡仁杰.电工电子创新实验［M］.北京:高等教育出版社,2010.

［7］郝国法,梁柏华.电子技术实验［M］.北京:冶金工业出版社,2009.

［8］刘舜奎,林小榕,李惠钦.电子技术实验教程［M］.厦门:厦门大学出版社,2010.

［9］阮秉涛.电子技术基础实验教程［M］.2 版.北京:高等教育出版社,2011.

［10］陈大钦,罗杰.电子技术基础实验［M］.3 版.北京:高等教育出版社,2009.

［11］高吉祥.电子技术基础实验与课程设计［M］.2 版.北京:电子工业出版社,2005.

［12］郭永贞.模拟电子技术实验与课程设计指导［M］.南京:东南大学出版社,2007.

［13］许小军.数字电子技术实验与课程设计指导［M］.南京:东南大学出版社,2007.

［14］邓元庆.电子技术实验［M］.北京:机械工业出版社,2007.

［15］李光辉.数字电子技术［M］.北京:清华大学出版社,2012.

［16］袁小平.数字电子技术实验教程［M］.北京:机械工业出版社,2012.